工业和信息化部“十四五”规划教材

高等职业院校“互联网+”系列精品教材

机器人工作站故障诊断与维护

主编 段向军 崔吉

副主编 宋强 颜玮 徐媛媛 欧娟娟

電子工業出版社

Publishing House of Electronics Industry

北京 • BEIJING

内 容 简 介

本教材按照教育部新的职业教育教学改革要求，以常见的焊接、搬运、打磨、上下料等典型机器人工作站和智能生产线为载体，按照典型机器人工作站的系统组成单元，从工作站的机械部分、电气部分、传感及辅助部分，介绍工业机器人、常见通用零件、气动系统、传感系统、通信系统故障诊断与维护的方法、步骤和技巧，同时融入常见机电系统中机械、电气、液压、电气系统故障诊断内容。在工业机器人故障诊断与维护中，包含了目前市场上的 ABB、FAUNC、ESTUN 等品牌机器人，有效降低了各院校因实训设备差异对教学的影响。

本教材为高等职业院校工业机器人、机电一体化、电气自动化、智能机电技术、智能控制技术、机电设备技术等专业相应课程的教材，也可作为从事工业机器人操作运维和智能制造的工程技术人员、设备维修管理人员等的参考用书。

本教材配有免费的微课视频、授课 PPT、习题参考答案等课程资源，详见前言。

图书在版编目（CIP）数据

机器人工作站故障诊断与维护 / 段向军，崔吉主编. —北京：电子工业出版社，2023.6

高等职业院校“互联网+”系列精品教材

ISBN 978-7-121-45669-5

Ⅰ. ①机… Ⅱ. ①段… ②崔… Ⅲ. ①工业机器人－工作站－故障诊断－高等学校－教材②工业机器人－工作站－维修－高等学校－教材 Ⅳ. ①TP242.2

中国国家版本馆 CIP 数据核字（2023）第 094201 号

责任编辑：陈健德（chenjd@phei.com.cn）

印　　刷：天津画中画印刷有限公司

装　　订：天津画中画印刷有限公司

出版发行：电子工业出版社

北京市海淀区万寿路 173 信箱　　　邮编：100036

开　　本：787×1092　1/16　印张：11.75　字数：294 千字

版　　次：2023 年 6 月第 1 版

印　　次：2023 年 6 月第 1 次印刷

定　　价：55.00 元

凡所购买电子工业出版社图书有缺损问题，请向购买书店调换。若书店售缺，请与本社发行部联系，联系及邮购电话：（010）88254888，88258888。

质量投诉请发邮件至 zlts@phei.com.cn，盗版侵权举报请发邮件至 dbqq@phei.com.cn。

本书咨询联系方式：chenjd@phei.com.cn。

前 言

2022 年世界机器人大会（以下简称“大会”）由北京市人民政府、工业和信息化部、中国科学技术协会共同主办，于 8 月在北京召开。大会以“共创共享 共商共赢”为主题，聚焦产业链、供应链协同发展，围绕“机器人+”应用行动，为全球机器人产业搭建了一个产品展示、技术创新、生态培育的高端合作交流平台。大会发布的《中国机器人产业发展报告(2022)》显示，2021 年，我国机器人产业营业收入超过 1300 亿元，工业机器人产量达 36.6 万台，比 2015 年增长了 10 倍，稳居全球第一大工业机器人市场。101 家专精特新“小巨人”企业加快成长壮大，工业机器人已在汽车、电子、机械等领域普遍应用，服务机器人、特种机器人在教育、医疗、物流等领域大显身手，不断孕育出新产业、新模式、新业态。本教材编写团队在开展大量企业调研、走访智能制造标杆企业，对制造企业的岗位需求、员工培训和技能提升深入了解后，针对数字车间、智能工厂的工业机器人工作站系统故障诊断与维护岗位技能的需求，采用“岗课”融合方式编写了本教材。

本教材将常用机电设备的故障诊断与工业机器人典型应用场景相结合，选取常见的焊接机器人工作站、打磨机器人工作站、搬运码垛机器人工作站、上下料机器人工作站、个性化产品组装智能生产线的故障诊断与维护为项目单元，按照系统组成、故障现象分析、排故、系统维护来编排。本教材不仅介绍了工业机器人的故障诊断与维护，同时将原有的机械设备检修工艺流程的制定与实施、通用零件的故障诊断与修护、液压传动系统的故障诊断与维护、气压传动系统的故障诊断与维护、电气系统的故障诊断与维护等内容融入其中。本教材按照项目任务式组织各章节的内容，重视从系统的角度来分析和解决问题。

本教材分为 5 个项目。项目 1 基于 ESTUN 焊接机器人工作站，介绍工业机器人、焊接电源、焊接系统等软硬件的故障诊断与维护，建议 10~14 学时。项目 2 基于 ABB 上下料机器人工作站，介绍 ABB 工业机器人、数控机床、PLC 控制系统的软硬件故障诊断与维护，建议 10~14 学时。项目 3 基于 FANUC 工业机器人搬运码垛工作站，介绍 FANUC 工业机器人的码垛系统、主控系统、液压系统的故障诊断与维护，建议 8~12 学时。项目 4 基于 ABB 工业机器人打磨工作站，介绍 ABB 机器人打磨系统、气动系统的故障诊断与维护，建议 8 学时。项目 5 基于 ESTUN 工业机器人的个性化产品组装智能生产线，介绍立体仓储系统、倍速链传输系统、机器视觉系统、通信系统的软硬件故障诊断与维护，建议 12~16 学时。该课程教学建议 48~64 学时，各专业可根据学习目标来进行适当调整。与传统单一的机械、电气、控制、传感排故不同，本教材更加侧重综合排故，将机械、电气、控制、传感等知识相结合，更加适用于目前制造业转型升级对高质量技能人才培养的需求。

本教材由段向军、崔吉担任主编，宋强、颜玮、徐媛媛、欧娟娟担任副主编。其中，段向军和欧娟娟参与项目 1 的编写，崔吉参与项目 3 和项目 5 的编写，宋强参与项目 2 的编写，

颜玮参与项目 4 的编写，徐媛媛参与项目 5 的编写，段向军负责统稿。

在本教材编写过程中，南京埃斯顿机器人工程有限公司、北京双元集团、苏州灵猴机器人有限公司给予了大力支持，南京信息职业技术学院黄伯勇、孙妍、黄丽娟、张栋林、樊辉等人提供了很多好的建议，在此一并致以诚挚的谢意。

由于作者水平有限，本教材难免存在疏漏之处，恳切希望专家及广大读者批评指正，并提出宝贵的意见和建议，以便教材修订时补充更正，使本教材更加充实和完善。

本教材配有免费的微课视频、授课 PPT、习题参考答案等课程资源，请有此需要的教师扫描二维码进行阅览或登录华信教育资源网（http://www.hxedu.com.cn）免费注册后进行下载，在有问题时请在网站留言或与电子工业出版社联系（E-mail：hxedu@phei.com.cn）。

编者

扫一扫看实训室安全规范微课视频

目 录

项目 1
焊接机器人工作站故障诊断
与维护

扫一扫看本书习题库及参考答案

扫一扫看焊接工作站认知微课视频

任务 1.1　工作站系统认知

1.1.1　布置任务

1. 学习任务描述

焊接机器人是应用最广泛的一类工业机器人，已在汽车、飞机、管道等行业应用，在各国机器人应用比例中占总数的 40%～60%。其可以独立完成焊接工作，也可使用在自动化线上，作为焊接工序的一个工艺部分，成为生产线上一个具有焊接功能的“站”。

2. 学习目标

（1）通过信息查询获得焊接机器人工作站的主要组成部分。

（2）根据机器人手册等技术资料掌握常用的焊接机器人。

（3）通过小组合作，完成焊接机器人工作站的系统认知。

（4）在老师的指导下，按照工作站技术手册，完成焊接机器人工作站的维保手册。

（5）在老师的指导下，小组合作，完成焊接机器人工作站的日常维护任务。

（6）小组进行施工检查验收，总结工作站维保中的注意事项。

3. 任务书

在安全栅栏自动焊工作站中，由一台 ESTUN 多关节工业机器人完成金属件焊接，每天

工作 20h。在倒班时，由专门人员进行设备的日常维护。请依据图 1.1.1 所示的气体保护自动焊接工作站场景及表 1.1.1 所示的焊接工艺，完成工作站的维护工作。

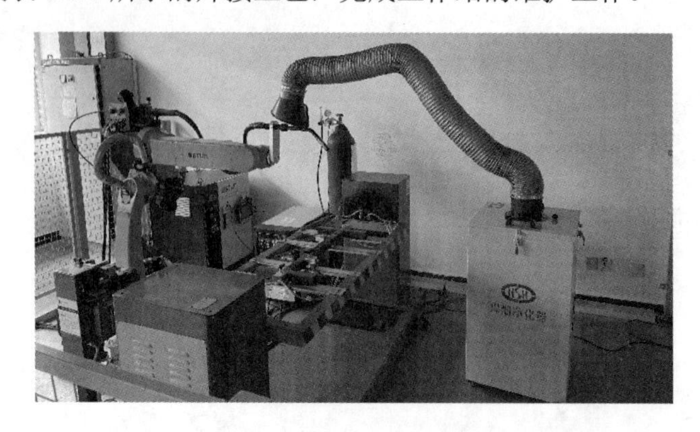

图 1.1.1　气体保护自动焊接工作站场景

表 1.1.1　焊接工艺

焊接工艺参数	焊接方法	焊材/规格	电源极性	焊接电流/A	焊接电压/V	焊接速度/(cm·min^{-1})	导电嘴与母材间距/mm	气体流量/(L·min^{-1})
	MAG	ER50-6/ϕ1.2	直流正接	110~150	22~26	35~45	13~16	13~15
焊接技术要求	（1）焊前准备：在坡口及坡口边缘各 20mm 范围内，将油、污、锈、垢、氧化皮清除，直至呈现金属光泽 （2）焊缝表面无裂纹、气孔及咬边等缺陷为合格 （3）焊缝余高：e_1≤1.5mm							

焊接机器人工作站的作用是将切割下料后的结构件焊接拼接成为一体。MAG 焊（Metal Active Gas Arc Welding）是熔化极活性气体保护电弧焊的英文简称，是一种采用连续等速送进可熔化的焊丝与被焊工件间的电弧作为热源来熔化焊丝和母材金属，形成焊缝的焊接方法。工业常用 Ar+CO_2 混合气体作为保护气体，MAG 焊常用于碳钢、合金钢和不锈钢等黑色金属材料的焊接。

焊接机器人最普遍的两种应用方式为点焊和弧焊，大多数焊接机器人是由通用工业机器人装上某种焊接工具而构成的。在多任务环境下，一台机器人可完成抓物、搬运、安装、焊接、卸料等多种任务。完整的焊接机器人工作站一般由机器人、焊枪、焊接电源、送丝装置、焊接变位机等组成。

家喻户晓：1983 年，蔡鹤皋便开始焊接机器人的研制工作，于 1985 年成功研制出中国第一台弧焊机器人和点焊机器人，目前约有 1000 台以上的焊接机器人用于实际生产。采用机器人焊接是焊接自动化的革命性进步，突破了传统的焊接刚性自动化方式，开拓了一种柔性自动化新方式。蔡鹤皋，作为中国机器人及机电一体化领域泰斗级专家、中国国产工业机器人事业的开创者之一，为中国机器人发展做出了重大贡献。

4．任务分组

将班级学生分组，可 3 至 5 人为一组，轮值担任组长。各组任务可以相同或不同，明确每组的人员和任务分工。学生任务分组表如表 1.1.2 所示。

表 1.1.2　学生任务分组表

班级		组号		任务	
组员	学号	任务分工			备注

1.1.2　任务实施

扫一扫看焊接机器人工作站系统认知教学课件

1．工作计划

各小组按照任务书要求和获取的相关技术手册，制定焊接机器人工作站认知的工作方案，包括部件、材料、工具准备，安全检查、检修等工作内容和步骤，完成焊接机器人工作站认知工作流程（见表 1.1.3），填写材料、工具、器件清单，如表 1.1.4 所示。

表 1.1.3　焊接机器人工作站认知工作流程

步骤	工作内容	负责人

表 1.1.4　材料、工具、器件清单

序号	名称	型号和规格	单位	数量	备注

2．工作实施

在充分认识焊接机器人工作站的基础上，各小组按以下步骤实施焊接机器人工作站的日常维护工作。

1）准备阶段

（1）将工业机器人位姿调整到便于观察和清洁的位置。

（2）工作站系统断电，并在主供电箱内悬挂警示标志。
（3）准备日常维护的相关技术资料、工具和劳动防护用品。

2）实施阶段
（1）检查焊枪和清枪装置。
（2）检查焊盘和送丝机构，并及时添加焊丝和气体耗材。
（3）检查气体压力表和气路密封性。
（4）检查焊接电源的电压稳定性和供电线是否有裸露。
（5）检查焊烟净化器的滤网并清洗。
（6）清洁、整理焊渣盒。
（7）检查焊接机器人本体的各机械臂、动力线和信号线的状况。
（8）检查焊接机器人工作站外围安全防护装置。

3．检查验收

根据焊接机器人工作站使用和日常清洁的情况，按照验收标准对任务完成情况进行检查验收和评价，包括安全规范、焊枪及清枪、焊盘和送丝等，并将验收问题及其整改措施、完成时间进行记录。验收标准及评分表如表1.1.5所示，验收过程问题记录表如表1.1.6所示。

表1.1.5　验收标准及评分表

序号	验收项目	验收标准	分值	教师评分	备注
1	安全规范	正确穿戴工作服、劳保鞋；发型、指甲等符合安全生产要求；工作过程中不佩戴首饰、钥匙、手表等；设备无损害	20		
2	焊枪及清枪	焊枪内部洁净，无焊渣残留	20		
3	焊盘和送丝	焊丝余量充足，送丝流畅	20		
4	烟雾净化	内部无烟尘，烟道洁净	20		
5	机器人本体	表面洁净无污，运行平稳	20		
	合计		100		

表1.1.6　验收过程问题记录表

序号	验收问题记录	整改措施	二次验收	备注

4．评价反馈

各小组介绍任务分工、工作过程并提交上述验收标准及评分表和验收过程问题记录表。

按照表 1.1.7 所示的考核评价表，完成小组自评、组间互评及教师评价，折算后得出该小组的最终成绩。

表 1.1.7　考核评价表

评价项目	评价内容	分值	自评 20%	互评 20%	师评 60%	合计
职业素养（40 分）	安全意识、责任意识、服从意识	10				
	积极参加任务活动，按时完成任务	10				
	团队合作、交流沟通能力	10				
	劳动纪律	5				
	现场 6S 标准	5				
专业能力（60 分）	专业资料检索能力	10				
	制订计划能力	10				
	操作符合规范	15				
	工作效率	10				
	任务验收质量	15				
	合计	100				
创新能力（20 分）	创新性思维和行动	20				
	总计	120				
教师签名：			学生签名：			

1.1.3　焊接机器人工作站系统组成

焊接机器人工作站由机器人、焊接电源、焊枪、送丝装置、焊接变位机等组成，主要包括控制系统、驱动器、执行元件（如电动机）、机械机构、焊机系统。其可以独立完成焊接工作，也可使用在自动化生产线上，作为焊接工序的一个工艺部分，成为生产线上一个具有焊接功能的“站”，常见焊接机器人工作站如图 1.1.2 所示。

1. 弧焊机器人

本节选用的是 ESTUN ER6-1600 六轴弧焊专用机器人，其性能参数如表 1.1.8 所示，能精确地保证焊枪所要求的位置、姿态和运动轨迹，焊枪与机器人的法兰盘直接连接。

图 1.1.2　常见焊接机器人工作站

图 1.1.3　ESTUN ER6-1600 六轴弧焊专用机器人

表 1.1.8 ESTUN ER6-1600 六轴弧焊专用机器人性能参数表

机器人类型		多关节型机器人	重复定位精度		±0.08mm
控制轴数		6	最大臂展		1600mm
安装形式		地面/顶面	机器人质量		164kg
可搬运质量		6kg	驱动方式		AC 伺服电机
动作范围	J1 轴	−180°～+180°	最大动作速度	J1 轴	148°/s
	J2 轴	−60°～+140°		J2 轴	109°/s
	J3 轴	−155°～+80°		J3 轴	214°/s
	J4 轴	−170°～+170°		J4 轴	441°/s
	J5 轴	−180°～+180°		J5 轴	580°/s
	J6 轴	−360°～+360°		J6 轴	696°/s

2．焊接电源

弧焊焊接电源是为电弧焊提供电源的设备。松下的数字 IGBT 控制 MIG/MAG 弧焊电源，型号为 YD-350GL4，其性能参数如表 1.1.9 所示。YD-350GL4 焊接电源的特点如下。

（1）具有良好的引弧性能和消熔球技术，通过起弧时的能量增强技术，可大幅度提高引弧成功率，减少引弧段的焊缝缺陷。

（2）通过实时检测送丝速度，自动调整输出能量，得到理想熔球状态，提高后续引弧的成功率。

（3）ALC 电弧稳定控制技术，在脉冲模式下可实现短电弧、低飞溅、高速焊接。

（4）带有模拟和数字接口，可作为专机电源和机器人电源。

（5）可接入智能焊接管理系统，实现焊接过程全面管理。

表 1.1.9 YD-350GL4 焊接电源的性能参数

性能指标	规格	性能指标	规格
额定输入电压、相数	AC 380V，三相	输出电流范围	40～430A（电阻负载输出能力）
额定频率	50/60Hz	控制方式	IGBT 逆变控制
额定输入功率	13.5kW	时序	焊接/焊接—收弧/初期—焊接—收弧/点焊
输出特性	恒压特性（CV）	焊丝材料	碳钢/碳钢药芯/不锈钢/不锈钢药芯
额定输出电流	DC 350A	外形尺寸（$W×D×H$）	380mm×612mm×692mm
额定输出电压	31.5V	输出电压范围	16～35.5V（电阻负载输出能力）

3．焊枪

焊枪将焊接电源的大电流产生的热量聚集在其终端来熔化焊丝，熔化的焊丝渗透到需焊接的部位，冷却后，被焊接的物体牢固地连接成一体。ER 机器人安装的焊枪型号为 SRCT-308R，内置防撞传感器，其性能参数如表 1.1.10 所示。

表 1.1.10 SRCT-308R 焊枪的性能参数

性能指标	参数	性能指标	参数
额定电流（CO_2）	350A	适用焊丝直径	0.8～1.2mm
额定电流（MAG）	350A	冷却方式	空冷
使用率	60%	电缆长度	0.8～5m

4. 送丝机

焊接机器人工作站的送丝机安装在工业机器人小臂上，送丝机是自动输送焊丝的装置，主要由送丝电动机、压紧机构、送丝滚轮（主动轮、从动轮）等组成。送丝电动机驱动主动轮旋转，为送丝提供动力，利用从动轮将焊丝压入轮上的送丝槽中，增大焊丝与送丝滚轮的摩擦，将焊丝修整平直，平稳送出，使进入焊枪的焊丝在焊接过程中不会出现卡丝现象。盘状焊丝一般安装在机器人基座上，也可安装在地面上的焊盘架上，焊盘架用于焊盘的固定，焊丝从送丝套管中穿入，通过送丝机构送入焊枪。

弧焊机器人配备的送丝机构有两种安装方式：一种是将送丝机构安装在机器人的小臂上与机器人组成一体；另一种是将送丝机构与机器人分开安装。采用前一种安装方式，焊枪与送丝机构之间的导向管较短，有利于保持送丝的稳定性；采用后一种安装方式，机器人把焊枪送到某些位置时导向管将处于多弯曲状态，会严重影响送丝质量。

5. 焊接变位机

焊接变位机承载工件及焊接所需工装，又称机器人第七轴或附加轴，主要作用是在焊接过程中将工件翻转变位，以便获得最佳的焊接位置，缩短辅助时间，提高劳动生产率，改善焊接质量。本焊接机器人工作站采用伺服电机驱动变位机翻转，可与机器人实现联动，达到同步运行的目的。

6. 其他辅助装置

在焊接机器人工作站中，为了保证焊接工作持续进行，需要处理焊接过程中产生的废气等，还需要安装防护栏、焊烟净化器、保护气气瓶总成、焊枪清理装置等。焊烟净化器型号为 HCHY1500，处理风量每小时达 $1500m^3$，除尘效率达 93%。本焊接机器人工作站采用的是 80%CO_2+20%Ar 的保护焊气体，保护气气瓶总成由气瓶、减压器、PVC 气管组成，减压器由减压机构、加热器、压力表和流量计等组成。

在焊接作业中，焊枪内部会积累大量的焊渣，影响焊接质量，因此需要使用焊枪清理装置定期清除，而焊丝过短、过长或焊丝端头呈球状，也需要进行处理。焊枪清理装置主要包括剪丝、沾油、清渣及喷嘴外表面的打磨装置。剪丝主要用于焊丝进行起始点检出的场合，保证焊丝的伸出长度一定，提高检出的精度；沾油是为了使喷嘴表面的飞溅易于清理；清渣是清除喷嘴内表面的飞溅，以保证气体的畅通；喷嘴外表面的打磨装置主要用于清除外表面的飞溅。

7. 焊接机器人工作站的特点

焊接机器人工作站根据焊接对象性质及焊接工艺要求，利用机器人完成电弧焊接过程。气体保护电弧焊熔敷速度快、生产效率高、易实现自动化，在焊接生产中的应用日益广泛。

焊接机器人工作站应用范围广，除汽车行业之外，在通用机械、金属结构等行业中都有广泛的应用，其主要优点如下。

（1）易于实现焊接产品质量的稳定和提高，保证其均一性。

（2）提高生产率，一天可 24h 连续生产。

（3）改善工人劳动条件，可在有害环境下长期工作。

（4）降低对工人操作技术难度的要求。

（5）缩短产品改型换代的准备周期。

（6）可实现批量产品焊接自动化。

（7）为焊接柔性生产线提供技术基础。

1.1.4 焊接机器人工作站工作过程

扫一扫看焊接机器人工作站工作视频

1. 工作前巡查

首先环顾焊接机器人工作站周围，查看机器人、焊接电源、焊枪、变位机等设备是否完好，机器人是否处于 Home 点位置，电缆线和信号线是否有破皮或裸露情况，保护气气压是否正常，安全防护装置是否正常，焊丝和焊接原料是否充足，待确认无误后，进入下一步。

2. 系统启动

首先接通机器人电源，等待机器人启动完毕；接着打开气瓶、焊机电源及其他辅助系统；然后在“示教模式”或“本地模式”下加载焊接主程序，等主程序加载完成后，将工业机器人的运行模式转至“远程模式”并按下伺服使能按钮，若系统没有报警，则焊接机器人工作站启动完毕。

3. 开始生产

首先将焊接工件安装在焊接变位机上，接着按下启动按钮，机器人开始按照编制程序与设置的焊接参数进行焊接作业。焊接完毕后，回到作业原点，更换材料，开始下一个循环。

1.1.5 焊接机器人工作站设计

依据焊接机器人工作站的基本组成，在设计过程中，机器人、焊接电源、焊枪等设备应根据焊接工件的形状和大小来选型，大致可分为焊接机器人选型和焊接系统设计。

1. 焊接机器人选型

焊接机器人作为焊接机器人工作站的重要组成部分，其功能是代替人来完成较为繁重或无法完成的焊接工作，且保证一次将工件上的所有焊点都焊到位。在选型时，要考虑效率和成本，选择具备焊接包程序的工业机器人，便于与焊接系统集成和调试。除此之外，还需要结合焊接专用技术指标来进行焊接机器人选型。例如，焊接工艺故障自检和自处理功能，当遇到黏丝或断丝等故障时，机器人实时自动停车报警，避免发生损坏机器人或工件报废等大事故。

同时，为了确保焊接质量，避免焊接时起收弧处产生气孔、裂纹等缺陷，要求机器人在示教中能设定和修改参数，在启停瞬间颤动小、送丝顺畅、结构紧凑、工作范围大等。机器人控制柜需安装配备“焊机特性文件”和具备“标准弧焊和弧焊管理功能”。

机器人与焊接电源的接口信号一般要实现对焊接电源状态控制、焊接参数控制、反馈信号三种功能。其中，焊接电源状态控制包括送气、送丝、退丝和焊接，焊接参数控制包括输出电压控制和送丝速度控制，反馈信号包括起弧成功信号、电弧电压信号、焊接电流信号和粘丝信号等。

2. 焊接系统

焊接机器人工作站的焊接系统主要包括弧焊电源、送丝机和焊枪等。弧焊电源是用来对焊接电弧提供电能的一种专用设备。弧焊电源的负载是电弧，必须具有弧焊工艺所要求的电气性能，如合适的空载电压、良好的动态特性和灵活的调节特性等。

焊接机器人配备的送丝机构包括送丝机、送丝软管和焊枪三部分，其稳定性是关系到焊接能否连续稳定进行的重要方面。送丝机一般选择一体式送丝机。与分离式送丝机相比，一体式送丝机到焊枪的距离较短，送丝阻力小，所需软管也短，可以保证送丝的稳定性。

送丝软管是融送丝、导电、输气和通冷却液为一体的输送设备。焊丝直径与软管内径要配合恰当，在安装时为了减少软管弯曲，保证送丝速度的稳定性，可以考虑将安装在机器人上臂的送丝机稍向上翘，还可以使送丝机做左右小角度自由摆动。

焊枪种类较多，需要根据焊接工艺、焊接电流、焊枪角度选择焊枪。焊枪一般由喷嘴、导电嘴、气体分流环、绝缘套、枪管及防碰撞传感器等组成。导电嘴的孔径和长度因焊丝直径的不同而不同，既要保证导电可靠，又要尽可能减小焊丝在导电嘴中的行进路程，以减少送丝阻力，保证送丝通畅。

1.1.6 工业机器人组成

工业机器人的机械系统由机座、臂部、腕部、手部或末端执行器组成。机器人为了完成工作任务，必须配置操作执行机构，这个操作执行机构相当于人的手，因此称为手部。而连接手部和手臂的部分相当于人的手腕，称为腕部，作用是改变手部的空间方向和将载荷传递到臂部。臂部连接机身和腕部，主要作用是改变手部的空间位置，满足机器人的作业空间，并将各种载荷传递到机身。机座是机器人的基础部分，它起着支承作用，对于固定式机器人，可将其直接固定在地面基础上；对于移动式机器人，可将其安装在行走机构上。

1. 机座

机器人机座是机器人的基础部分，起支承作用，支承整个机器人的质量及工作载荷，分为固定式、固定轨迹式和无固定轨迹式。目前机座多采用固定式，这种结构比较简单，安装方法分为直接地面安装、台架安装和底板安装三种形式。无论机座采用哪一种安装方法，都需要高强度螺栓固定，并且在安装完毕后，需要用水平仪器来测量机座的水平度，在偏差较大的情况下，还需要通过垫铁或垫片来找平。

2. 活动关节

臂部是工业机器人的主要执行部件，它的作用是支承腕部和末端执行器，并带动腕部和

手部进行运动。工业机器人的臂部主要包括臂杆及与其伸缩、屈伸或自转等运动有关的传动装置、导向定位装置、支承连接和位置检测元件等。此外，还有与之连接的支承等有关的构件、配管配线。工业机器人的臂部由大臂、小臂或腕部组成。臂部的驱动方式主要有液压驱动、气动驱动和电机驱动，其中电机驱动最为通用。

腕部是臂部与手部的连接部件，起支承手部和改变手部姿态的作用。多数机器人将腕部结构的驱动部分分布在小臂上，使几个电机驱动轴同轴旋转的心轴和多层套筒连接，当运动传入腕部后再分别实现各个动作。

手部安装于工业机器人手臂末端，又称为末端执行器，是直接作用于工作对象的装置。常见的手部分为三类，即机械手部、特殊手部和通用手部。

3. 传动机构

在选用伺服电机驱动的机器人时，大多数情况下需要减速器来实现运动的传递。减速器是保证机器人实现精度的核心部件。目前常用的减速器有谐波减速器、RV 减速器和摆线针轮减速器三种。串联式多关节机器人主要采用谐波减速器和 RV 减速器。其中，RV 减速器使用在机座、大臂等重负载的位置，谐波减速器使用在小臂、腕部或手部等轻负载的位置。

4. 动力系统

动力系统是工业机器人的心脏，输入的是电信号，输出的是线、角位移量。按动力源不同，动力系统可分为液压驱动、气动驱动和电机驱动三大类，其中电机驱动最为普遍。电机驱动系统的主要组成部分有位置比较器、速度比较器、信号和功率放大器、驱动电机、减速器等。闭环伺服驱动系统还需要位置和速度检测元件。工业机器人常见的驱动电机有直流伺服电机、交流伺服电机和步进电机，其中交流伺服电机结构较为简单，无电刷，运行安全可靠，但控制电路较为复杂，价格较高。

1.1.7 焊接机器人工作站检查与维护

为了保证焊接机器人工作站正常工作，要做好日常检查及维护，同时要根据工作站内组成单元的不同开展周期性检查和维护，如表 1.1.11 所示。

表 1.1.11 焊接机器人工作站周期性检查与维护

周期	检查与维护内容
日	送丝机构，包括送丝力矩是否正常、送丝导管是否损坏、有无异常报警
	焊接电源线是否有损伤及裸露
	气体流量是否正常
	焊枪安全保护系统是否正常
	测试工业机器人的工具中心点（Tool Center Point，TCP）
周	擦洗机器人各轴
	检查 TCP 的精度
	检查机器人各轴零件是否准确
	检查渣油液位
	清理压缩空气进气口处的过滤网

续表

周期	检查与维护内容
周	清理焊枪喷嘴处杂质，以免堵塞气路
	清理送丝机构，包括送丝轮、压丝轮、导丝管
	检查软管束及导丝软管有无破损及断裂
	检查焊枪安全保护系统是否正常，以及外部急停按钮是否正常
月	润滑机器人各轴
	变位机或轨道上添加黄油
	变位机上的蓝色加油嘴加灰色的导电脂
	送丝轮滚针轴承加润滑油（少量黄油即可）
	清理清枪装置，加注气动马达润滑油（普通机油即可）
	用压缩空气清理工业机器人控制柜及焊接电源

任务 1.2　工作站机械系统故障诊断与维护

1.2.1　布置任务

1．学习任务描述

某结构件焊接企业选用 ESTUN 焊接机器人工作站，并有第七轴焊接变位机。焊接机器人工作站平均日工作时间为 20h。为了保证工作站机械系统正常工作，要做好日常和周期性维护。此外，还要做好故障预案以应对突发状况。

2．学习目标

（1）根据工作站技术手册掌握焊接机器人工作站机械系统的核心部件。
（2）根据机器人手册等技术资料掌握焊接机器人的日常维护和周期性维护工作要点。
（3）通过小组合作，完成焊接机器人润滑油更换。
（4）通过小组合作，完成焊接机器人减速器、电动机、关节臂更换。
（5）通过小组合作，完成工作站辅助装置维护任务。
（6）在老师指导下，按照工作站技术手册，建立系统故障树。
（7）小组进行施工检查验收，完成维保记录并总结工作站故障源及排故预案。

3．任务书

在安全栅栏自动焊工作站中，由一台 ESTUN 多关节工业机器人，完成结构件焊接，每天工作 20h。在检修时，由专门人员进行设备日常维护。请依据图 1.2.1 所示的焊接机器人工作站机械系统布局图，完成该系统的机械系统故障分析及维护。

家喻户晓　2021 年 5 月 29 日，长征七号遥三运载火箭点亮文昌发射场的夜空，经过 9 天的等待，成功将天舟二号货运飞船送入太空。此次，长征七号遥三运载火箭究竟为何两次推迟发射？研制团队又经历了怎样的蛰伏和攻坚？在 5 月 19 日晚 9 时 40 分，距离发射不到 3 个小时，发射指控大厅中的数据信息显示“一个压力值参数异常！”，在初次找到问题后发现其不是真正的故障源头，指挥部一致决定“推迟发射”，这是经过慎重研究的结果，绝不能

让火箭带一丝隐患上天。5月20日，试验队员先后分4批进舱排故，找到了新问题，并经过系列措施扭转局面。然而，负8小时液氧推进剂补加后，异常再次出现，发射再度终止。对每名试验队员来说第一次终止，难免有失落，第二次终止，则是沉重的打击。发射终止后，队伍火速调整状态，开始为期4天的归零工作。汗水最终换回成功。

图 1.2.1　焊接机器人工作站机械系统布局图

1.2.2　任务实施

1. 工作计划

各小组按照任务书要求和获取的相关技术手册，确定工作站机械系统的故障树及排故流程，包括部件、材料和工具准备，安全检查、检修等工作内容和步骤。焊接机器人工作站机械系统维护和故障分析处理工作流程如表 1.2.1 所示，材料、工具、器件清单如表 1.2.2 所示。

表 1.2.1　焊接机器人工作站机械系统维护和故障分析处理工作流程

步骤	工作内容	负责人

表 1.2.2　材料、工具、器件清单

序号	名称	型号和规格	单位	数量	备注

2. 工作实施

按以下步骤实施焊接机器人补充和更换润滑油、关节臂、电动机、减速器。

1）准备阶段

（1）查阅资料，掌握机器人的排油口和注油口，减速器的类型及结构。

（2）根据更换的零部件，调整机器人的位姿，断电后悬挂警示牌。

（3）准备设备更换、维保的相关技术资料、工具和劳动防护用品。

2）机器人润滑油补充和更换

（1）调整机器人的位姿，便于更换操作。

（2）按下急停按钮，关闭电源。

（3）用内六角工具取下排油口和注油口的螺塞。

（4）在注油口安装螺塞，用油枪从注油口注油，每次加少量，前后加注要有一定的时间间隔。

（5）安装排油口螺塞前，相应的轴运动 5min，使多余的润滑油从排油口完全排出。

（6）用布擦净从排油口排出的多余润滑油，取下排油口的油嘴，在排油口和注油口安装螺塞，拧紧并在螺塞的螺纹处涂密封胶。

3）机器人关节臂更换

（1）调整机器人的位姿，便于更换操作。

（2）按下急停按钮，关闭电源。

（3）固定好其他关节臂，并插入定位销。

（4）拆装所要更换的关节臂。

（5）调试更换的关节臂，按照点动、轻载、加载、连续运行顺序逐一测试。

（6）收集工具，打扫卫生，结束任务。

4）机器人电动机更换

（1）调整机器人的位姿，便于更换操作。

（2）按下急停按钮，切换控制柜电源，悬挂警示牌。

（3）固定好其他关节臂，并插入定位销。

（4）取下机罩或其他辅助机械板，断开伺服电机的接线。

（5）用内六角扳手拧松电动机固定螺钉，抽出电动机。

（6）在新电动机上装上密封圈，可涂上一点润滑油。

（7）拧紧电动机固定螺钉，并接上电动机的接线。

（8）将控制柜通电并校正机器人，反复测试保证机器人轨迹的准确性。

（9）系统数据备份。

机器人减速器为不可分解、不可修复元件，保养只以加油润滑的方式进行。所以，减速器在使用寿命（一般为 10 年）到期后需要整体更换。机器人减速器的更换与电动机的步骤类似，在此就不再赘述。

3. 检查验收

根据维保任务工单及小组工作情况，按照验收标准对补充和更换润滑油任务完成情况进

行检查验收和评价，包括安全规范性、操作流程、完成质量、工作后整理等，并将验收问题及其整改措施进行记录。验收标准及评分表如表 1.2.3 所示。验收过程问题记录表如表 1.2.4 所示。

表 1.2.3　验收标准及评分表

序号	验收项目	验收标准	分值	教师评分	备注
1	安全规范	正确穿戴工作服、劳保鞋；发型、指甲等符合安全生产要求；工作过程中不佩戴首饰、钥匙、手表等；设备无损害	20		
2	操作流程	按照任务工单逐项完成	20		
3	完成质量	任务完成效果	20		
4	工作后整理	遵守实验室规章制度，清洁卫生，收集整理工具	20		
5	小组协作	团结协作，任务分工合理明确	20		
	合计		100		

表 1.2.4　验收过程问题记录表

序号	验收问题记录	整改措施	二次验收	备注

4．评价反馈

各小组介绍任务分工、工作过程并提交上述验收标准及评分表和验收过程问题记录表。按照表 1.2.7 所示的考核评价表，完成小组自评、组间互评及教师评价，折算后得出该小组的最终成绩。

表 1.2.5　考核评价表

评价项目	评价内容	分值	自评 20%	互评 20%	师评 60%	合计
职业素养（40 分）	安全意识、责任意识、服从意识	10				
	积极参加任务活动，按时完成	10				
	团队合作、交流沟通能力	10				
	劳动纪律	5				
	现场 6S 标准	5				
专业能力（60 分）	专业资料检索能力	10				
	制订计划能力	10				
	操作符合规范	15				
	任务完成效率	10				
	任务验收质量	15				
	合计	100				
创新能力（20 分）	创新性思维和行动	20				
	总计	120				
教师签名：		学生签名：				

1.2.3　设备维修基础

1．维修方式

设备的维保具有维修和保养策略的含义。现代设备管理强调对各类设备采用不同的维修方式，在保证生产的前提下，合理利用维修资源，达到寿命周期内费用最经济的目的。

机电设备常用的维修方式包括事后维修、预防维修、可靠性维修、质量维修、改善维修和无维修设计等，其特点如表 1.2.6 所示。

表 1.2.6　机电设备常用的维修方式及其特点

维修方式	特点
事后维修	机电设备发生故障后所进行的修理，即不坏不修、坏了再修
预防维修	设备发生故障之前进行的修理，减少设备的意外事故，确保生产的连续性
可靠性维修	合理确定使用期限，控制设备的使用可靠性，以最低的费用来保持和恢复设备的固有可靠性，采取预防性措施
质量维修	应用现象的机理分析，找出原因和解决措施，并制定防止再发生故障的管理制度
改善维修	防止故障重复发生而对机电设备的技术性能加以改进的一种维修方式
无维修设计	针对机电设备维修过程中经常遇到的故障，在新设备的设计中采取改进措施予以解决，力求维修工作量降到最低限度或根本不需要进行维修

维修的目的在于保证设备运转的可靠性，即保证使用价值的可靠性，以及使维修费用最经济。应根据机电一体化设备的特点及使用条件选择合适的维修方式，以达到提高设备效率、减少停机损失和寿命周期内费用最经济的目的。

2．维修制度

维修工作不仅是技术工作，也是一项管理性工作。维修制度是指在一定的维修理论和思想指导下，制定出的一套规定，它包括维修计划、类别、方式、时机、范围、等级、组织和考核指标体系等。

实施合理的维修制度有利于安排人力、物力和财力，及早做好修前准备，适当地进行维修工作，满足工艺需求，提高机电设备技术状态、可靠性和使用寿命，缩短维修停歇时间，减少维修费用和停机损失。目前，维修制度主要有计划预防维修制、以状态监测为基础的维修制、针对性维修制、操作维护制等。

1）计划预防维修制

它是在掌握机电设备磨损和损坏规律的基础上，根据各种机件的磨损速度和使用期限贯彻防重于治、防患于未然的原则，开展的保养和维修，以免机件过早磨损，对磨损给予补偿，防止和减少故障，延长寿命，节省维修时间，从而提高维修效率和经济效益。

计划预防维修制的具体实施可概括为“定期检查、按时保养、计划修理”，它适合维修的宏观管理，缺点是经济性差，修理周期和范围固定，会造成部分机件不必要的维修，即过剩维修或修理不足。

2）以状态监测为基础的维修制

它以可靠性理论、状态监测、故障诊断为基础，根据机电设备的实时检测结果而确定修

理时机和范围。现代机电设备只有少数项目的故障对安全有危害，因而应按各种机件的功能、功能故障、故障原因和后果来确定需要做的维修工作。

这种维修制的特点是修理周期、程序和范围都不固定，要依照实际情况灵活决定。

3）针对性维修制

这种维修制是按综合管理原则和以可靠性为中心的维修思想，从实际出发，根据机电设备的形式、性能和使用条件等特点，有针对性地采取事后维修等维修方式，使维修工作科学化，实现设备寿命周期内费用最经济、综合效益最高的目标。

针对性维修制的特点是改进了分类管理办法，强化了重点设备、重点部位的维修管理，把维修工作重点放在日常保养上，尽量做到针对性维修。

4）操作维护制

这是针对人员行为的一种规范化要求，是机电设备管理中的一项重要“软工程”，主要有五项纪律和四项要求。

五项纪律：①实行人员定机的操作；②保持机电设备的整洁，做好润滑维修；③遵守安全操作规程及交接班制；④管好工具和附件；⑤发现故障立即停机检查。

四项要求：①整齐；②整洁；③润滑；④安全。

1.2.4 设备维护保养

机电设备维护是指消除设备在运行过程中不可避免的不正常状况下的作业，比如零件的松动、干摩擦、异常响声等。机电设备的维护必须达到整齐、洁净、润滑和安全等基本要求。操作维护规程的基本内容一般包括以下方面。

（1）作业人员在操作时应按规定穿戴劳动防护用品，作业巡视及靠近其附近时不得身着宽大的衣物，不得披长发。

（2）班前清理工作场地，设备开机前做好日常检查，检查安全防护装置是否完整牢靠，查看电源是否正常，并做好点检记录，防止设备带病运行。

（3）检查电线、控制柜是否破损，环境是否可靠，设备的接地或接零等设施是否安全。

（4）查看润滑、液压装置的油质、油量；按润滑图表规定加油，保持油液洁净，油路畅通，润滑良好。

（5）确认各部件正常无误后，可先空载低速运转3～5 min，各部件运转正常、润滑良好，方可进行工作。不得超负荷、超规范使用。

（6）维护保养及清理设备、仪表时应确认设备、仪表已处于停机状态且电源已完全关闭；同时应在工作现场分别悬挂或摆放警示牌标识，提示设备处于维护维修状态或有人在现场工作。

（7）维护保养前应知此项工作的注意事项、维护保养的操作程序，在维护保养时作业人员注意力要集中，穿戴要符合安全要求，站立位置要安全。

（8）在维护设备时，要正确使用拆卸工具，严禁乱装乱拆，不得随意拆除、改变设备的安全保护装置。在设备就位或组装时，严禁将手放入连接面或用手指对孔。

1.2.5 设备故障诊断技术

设备出现故障后，使某些特性改变，产生机械的、温度的、噪声的及电磁的种种物理和化学参数的变化，发出不同的信息。捕捉这些变化后的征兆，检测变化的信号和规律，从而判定故障发生的部位、性质、大小，分析原因和异常情况，预报未来，判别损坏的情况，做出决策，消除故障，防止事故发生，这就是故障诊断技术。设备故障诊断的内容包括状态监测、分析诊断和故障预测三个方面。故障诊断过程可以归纳为信号采集、信号处理、诊断模式和诊断决策四个方面，如图 1.2.2 所示。

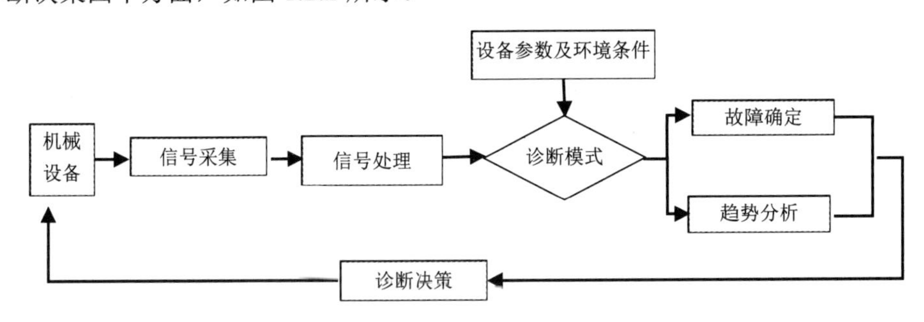

图 1.2.2 故障诊断过程

以上四个步骤构成了一个循环，一个复杂的故障往往并不能通过一个循环就正确地找出症结所在，通常需要经过多次诊断，逐步加深认识的深度和判断的准确度，才能最终解决问题。

1.2.6 机器人机械系统故障分析与维护

参照机电设备维护和故障分析方法，工业机器人排故与维护的注意事项如表 1.2.7 所示。

表 1.2.7 工业机器人排故与维护的注意事项

相关操作	注意事项
触碰容易发热的部件	在正常运作时有些部件会发热，尤其是伺服电机、减速器，靠近或触碰容易造成烫伤，在发热的状态下必须触碰部件时，应佩戴耐热手套等保护用具
拆卸部件	在确认齿轮等内部部件不再旋转、运动后打开盖子或保护装置。如有必要，使用辅助装置使内部不固定的部件保持在它原来的位置
气动/液压辅件	关闭气源或液压泵后，存在残留且有一定的能量。在维修部件前，要把系统中残留的能量释放掉。为了防止发生意外，需要安装安全阀
供电电源	进行故障诊断需开启电源，但在维修时务必要关闭电源，切断其他电源连接
加注润滑油	加油或放油时要戴手套，打开油腔盖时需谨慎，避免造成溅射，加油应根据油量表操作，禁止加满，完成后应检查油液指示口；不同型号的油不能加入同一减速机，更换不同型号油前，需将残余油液清理干净；放油要放完全或者在加完油后要检查油液指示口
机器伤人等紧急情况	机器人的任何一个臂夹到操作人员了，均需要拆除。小型机器人手臂可以手动移除，但大型机器人需要用到吊车或者其他小型设备。在释放关节抱闸之前，机械臂需要先固定，确保机械臂不会在重力作用下对受困者造成二次伤害

1．机器人维护和维修

在维护前，操作人员应认真阅读机器人相关手册和安全注意事项。根据机器人运行情况，其修检分为日常检修和定期维保，在每天的工作中按表 1.2.8 所示的项目随时进行检修。

表 1.2.8　工业机器人检修项目表

检修项目	检修要领、处置和维修要领
控制装置通气口的清洁	当通气口上有大量灰尘时，应将其清除掉
外伤、油漆脱落的确认	请确认机器人是否由于跟外围设备发生干涉而产生外伤或者油漆脱落。如果发生干涉，要排查原因。另外，如果由于干涉产生的损坏比较大而影响使用，那么需要对相应部件进行更换
末端执行器安装螺栓的紧固	请拧紧末端执行器的安装螺栓
外部主要螺栓的紧固	请紧固机器人安装螺栓、松脱的螺栓和露在机器人外部的螺栓，且注意螺栓的拧紧力矩。有的螺栓上涂敷有防松接合剂。在用建议拧紧力矩以上的力矩紧固时，恐会导致防松接合剂剥落，所以务必使用建议拧紧力矩加以紧固
机械式制动器的确认	请确认机械式制动器是否有外伤、变形等碰撞的痕迹、制动器固定螺栓是否有松动
飞溅、切削屑、灰尘等的清洁	请检查机器人本体是否有飞溅、切削屑、灰尘等的附着或者堆积。有堆积物的时候需要清洁。特别注意清洁机器人的可动部分，如各关节、平衡缸杆、平衡缸前/后支持部、电缆保护套
各轴减速器的润滑油更换	请对各轴减速器的润滑油进行更换

其中，机器人运行环境恶劣时，应适当缩短关节更换润滑油的周期。在进行润滑油更换或补充操作时，要注意调整机器人的姿态，尤其在补充或更换 J5/6 轴减速器的润滑油时，J3 轴要调整为 11°。根据 RE6-1600 机器人的机械结构特点，机器人 J1~J4 轴减速器更换润滑油时，要遵循以下工序。

（1）示教机器人各关节均以 100%速度运行 15min，使内部润滑油变为黏度较低的油液。

（2）运行机器人至机器人润滑关节角度，切断电源。

（3）在排油口下方放置润滑油回收容器。

（4）移去对应关节出油口、注油口的螺塞。

扫一扫看机器人更换润滑油示范视频

（5）从注油口注入新的润滑油，直到从出油口排出的润滑油变成新加入的润滑油，调节注入量，使用量具保证加注的油量与流出的油量一致。

（6）释放润滑油槽内残余压力，将螺塞安装到注油口和出油口上，拧紧扭矩为 13.7N・m。

如果未能正确进行润滑操作，那么润滑腔体的内部压力可能会突然增加，有可能损坏密封部分，从而导致润滑油泄露和异常操作。因此，在执行润滑操作时，要注意以下事项。

（1）执行加注润滑油操作前，移去润滑油出口的螺塞，打开润滑油透气口。

（2）缓慢地注入润滑油，不要过于用力。

（3）仅使用具体指定类型的润滑油。

（4）润滑完成后，先确认在润滑油出口处没有润滑油泄漏，而且润滑腔体未加压，然后闭合润滑油出口。

（5）为避免滑倒或发生火灾等意外，应将地面和机器人上多余的润滑油彻底清除。

如果没有正确进行润滑操作，重新执行释放润滑油槽内残余压力的操作，同时，在释放过程中，在出油口下安装回收袋，以避免流出来的润滑油飞散。

（1）启动机器人，加载机器人跑合程序，使其在满载、100%速度的工况下连续运行4h。

（2）停止机器人运行程序，使机器人停在各轴零位（即机器人原点位置），关掉示教器上的使能。

（3）确认安全后，按照指定位置拆卸螺塞，拆卸时请勿直接面对螺塞，防止高压、高温油液喷射对人员造成伤害。

（4）螺塞拆开3～5s后重新拧紧，用干净抹布清理螺塞周围油液。

（5）请务必在15min内完成一台机器人的泄压工作，否则应从第一步重新执行。

2．零点校准

扫一扫看机器人机械零点校准

零点校准是指把每个机器人关节角度与脉冲计数值关联起来的一种操作，目的是获得对应于零点位置的脉冲计数值。零点校准一般在出厂前完成，设置时需卸下机器人上所有负载，用专用仪器完成。此校准方式基于机器人整机参数，采用专业仪器及软件，校准的零点最为精确。日常操作中没有必要执行此操作，但在更换电动机、脉冲编码器、减速器、电池等情况下需要执行零点校准操作。

由于电气或软件问题导致丢失零点数据，恢复已存入的零点数据作为快速示教调试基准。使用机器人编码器信息来辅助零点校准，其步骤如下。

（1）手动操作机器人，将轴调整到两个零标刻度线或零标孔对齐的位置。

（2）打开编码器信息显示界面，比较当前实际单圈数据与上次校准给定的单圈数据的偏差，以较低的速度调整轴，使当前单圈数据基本等于给定的单圈数据。

（3）校准该轴零点。在示教器中新建一个程序，新建指令“RefRobotAxis”，选择需要校准的轴号，并执行该指令。

（4）将机器人各轴调整到零点位置。可通过执行PTP指令，将各轴运动到零点位置。

（5）针对CP控制器系统，点击界面上的保存按钮，系统会把当前系统的零点单圈值自动保存。

（6）针对RCS2控制器系统，需要手动将零点位置各轴的单圈值输入到左侧“设置单圈值”的数值框内，系统自动保存到文件中。

但在机械拆卸或维修导致机器人零点数据丢失的情况下不能使用本方法。

3．机械零点校准实施

由于机械拆卸或维修导致机器人零点数据丢失，需要将六轴同时点动到零点位置，通过对齐各零标孔或零标刻线的方式，校准各轴零位。焊接机器人——ER6-1600机器人的J1～J5轴采用对齐零标孔的方式进行零点校准，J6轴采用对齐零标刻线的方式进行零点校准。

以ER6-1600机器人的J1轴为例来说明对齐零标孔校准步骤，需配备零点校准杆。首先使用示教器转动J1轴，使得两个销孔位置在同一轴线上；然后将校准杆插入J1轴上面的销孔内，点动J1轴，使得校准杆也能插入下面的销孔内，该位置即为J1轴机械零点位置；最后通过示教器设置该位置为J1轴的零点位置。

维护人员可参考上述步骤来完成其余轴的校准，或者完成所有关节的零点校准后，通过示教器一次设置所有关节的零点位置。

注意：在对齐零点校准销孔试插入零点校准杆时，点动机器人速度要降到5%以下，在插入零点校准杆后禁止再动机器人，以防出现意外。

同样在采用对齐零标刻线校准时，与采用对齐零标孔校准类似，主要是目测各关节刻线与零标贴片中间刻线进行校准，调整机器人到刻度线，对齐即可。

4．机械系统常见故障及处理方法

在处理故障、维修和保养时，要认真阅读安全规划，在机器人没有断电之前，不要进行任何维护行为。在日常维护、保养、维修时，要配齐必要工具，例如行车、叉车、内六角扳手、活动扳手及拆装轴承座专用工具等。工业机器人常见的机械故障分析及解决方法如表1.2.9所示。

表1.2.9　工业机器人常见的机械故障分析及解决方法

症状	描述	原因分析	解决方法
振动噪声	底座与地面连接不牢固	由于机器人工作振动频繁，底座与地面连接松动	重新加固机器人与地面的连接
	超过一定速度振动明显	程序对硬件来说很费力	调整机器人程序路线
	机器人在特定的位置振动明显	机器人所加负载过大	减轻机器人负载
	减速机损坏	关节减速机长时间未更换	更换减速机
	机器人发生碰撞或长时间过载后发生振动	碰撞或过载导致关节结构或减速机被破坏	更换振动地方减速机或维修结构
	机器人的振动可能跟机器人周围的其他工作的机器有关	机器人与机器人周围的机器工作产生共振等	改变机器人与其他机器的距离等
咔嗒响	当关闭机器人时，用手扳动机器人，导致机器人晃动	由于过载、撞击导致机器人关节上螺栓松动	检查各关节螺栓是否松动，如果松动则加以紧固
电动机过热	机器人工作环境温度上升或者伺服电机被物体所覆盖	环境温度上升或者伺服电机热量得不到散发导致温度上升	降低环境温度，增加散热，去除伺服电机覆盖物
	机器人控制程序或者负载改变	程序或者负载超过了机器人承受范围	调整程序，减轻负载
	导入控制器中的参数改变了，导致电动机过热	导入的参数不符合机器人模型	导入正确的参数
齿轮箱渗油、漏油	关节部位漏油	机器人使用时间过长，导致密封橡胶件老化	更换密封油封及密封圈
		密封面存在间隙	重新安装使接合面结合紧密
		加油嘴或者螺塞存在问题	更换新的加油嘴或者螺塞

5．气动系统故障诊断与维护

扫一扫看典型工作站气动系统维护与故障排除教学课件

气动系统故障诊断方法主要有经验法和推理分析法。经验法是一种主要依靠实际经验，并借助简单的仪表，诊断故障发生的部位，找出故障原因的方法。推理分析法是一种将系统的故障根据表面症状，用逻辑推理方法从整体到局部逐级细化，从而推断出故障本质原因的分析方法。

许多故障的现象是以执行元件动作不良的形式表现出来的。例如，由电磁阀控制的气动顺序控制系统气缸不动作的故障，根本原因是气缸内压力不足、没有压力或产生的推力不足以推动负载，而产生此故障可能是由电磁阀动作不良、控制回路故障、气缸故障、管路故障、气源供气不足等造成的。

1）气动系统维护

气动系统的维护可以分为日常维护和定期维护。前者是指每天必须进行的维护工作，后者可以是每周、每月或每季度进行的维护工作。维护工作应记录在案，便于今后的故障诊断处理。日常维护工作的主要任务是冷凝水排放的维护、系统润滑的维护和空压机系统的维护。定期维护工作的主要内容是漏气检查和油雾器维护。气动系统的日常维护和定期维护内容如表 1.2.10 所示。

表 1.2.10　气动系统的日常维护和定期维护内容

维护周期	维护内容	注意事项
日常维护	冷凝水排放	排放涉及空压机、后冷却器、储气罐、管道系统，以及各处空气过滤器、干燥器、自动排水器等整个气动系统。每天在设备运转前，也应将冷凝水排出。经常检查自动排水器、干燥器是否正常工作，定期清洗分水滤气器、自动排水器
	系统润滑	从控制元件到执行元件凡有相对运动的表面都需要润滑。在气动装置运转时，应检查油雾器的滴油量是否符合要求，油色是否正常。若发现油杯中油量没有减少，应及时调整滴油量；若调节无效，需检修或更换油雾器
	空压机系统	是否有异常声音和异常发热，润滑油位是否正常，空压机系统中的水冷式后冷却器供给的冷却液是否足够
定期维护	系统各泄漏处检查	此项检查至少应每月进行一次，任何存在泄漏的地方都应立即进行修补。检查漏气时还应采用在各检查点涂肥皂液等办法
	方向阀排气口的检查	判断润滑油是否适度，空气中是否有冷凝水
	油雾器补油	注意储油杯的减少情况，如果发现耗油量太少，则必须重新调整滴油量。调整后滴油量仍少或不滴油，应检查所选油雾器的规格是否合适，油雾器进出口是否装反，油道是否堵塞

每月或每季度的维护检查工作应比每日及每周的检查更仔细，但仅限于外部能检查的范围。气动系统每季度的维护工作如表 1.2.11 所示。

表 1.2.11　气动系统每季度的维护工作

元件	维护内容
自动排水器	能否自动排水、手动操作装置能否正常工作
过滤器	过滤器两侧压力差是否超过允许压降
减压阀	旋转手柄、压力可否调节；当系统压力为零时，观察压力表的指针能否回零
压力表	观察各处压力表指示值是否在规定范围内
安全阀	使压力高于设定压力，观察安全阀能否溢流
压力开关	在最高和最低的设定压力点，观察压力开关能否正常接通和断开
换向阀的排气口	检查油雾喷出量，有无冷凝水排出，有无漏气
电磁阀	检查电磁线圈的温升，电磁阀的切换动作是否正常
速度控制阀	调节节流阀开度，检查能否对气缸进行速度控制或对其他元件进行流量控制
气缸	检查气缸运动是否平稳，速度及循环周期有无明显变化，安装螺钉、螺母、拉杆有无松动，气缸安装架有无松动和异常变形，活塞杆连接有无松动，活塞杆部位有无漏气，活塞杆表面有无锈蚀、划伤和偏磨，端部是否出现冲击现象，行程中有无异常，磁性开关动作位置有无偏移
空压机	进口过滤器网眼有无堵塞
干燥器	冷凝压力有无变化，检查冷凝水排出口温度的变化情况

2）气动系统的常见故障及处理方法

气动系统通常包括气源设备、气源处理元件、控制阀、执行元件和其他辅助元件组成。执行元件一般包括气缸、气动马达等。气源设备大多采用的为往复式空压机，其常见故障与处理方法如表 1.2.12 所示。

扫一扫看典型工作站气动系统元件更换及装调教学课件

扫一扫看气源设备的常见故障与排故

表 1.2.12 往复式空压机的常见故障与处理方法

故障现象	故障原因	维修方法
启动不良	电压低	与供电部门联系解决
	熔丝熔断	测量电阻，更换熔丝
	电动机单相运转	检修或更换电动机
	排气单向阀泄漏	检修或更换排气单向阀
	卸流动作失灵	拆修
	压力开关失灵	检修或更换压力开关
	电磁继电器故障	检修或更换电磁继电器
	排气阀损坏	检修或更换排气阀
压缩不足	吸气过滤器阻塞	清洗或更换过滤器
	阀的动作失灵	检修或更换阀
	活塞环咬紧缸筒	更换活塞环
	气缸磨损	检修或更换气缸
	夹紧部分泄漏	固紧或更换密封
运转声音异常	阀损坏	检修或更换阀
	轴承磨损	更换轴承
	皮带打滑	调整张力
压缩机过热	冷却液不足、断水	保证冷却液的量
	压缩机工作场地温度过高	注意通风换气
润滑油消耗过量	曲柄室漏油	更换密封件
	气缸磨损	检修或更换气缸
	压缩机倾斜	修正压缩机位置

空气干燥器的作用是吸收和排除压缩空气中的油质、水分和杂质。经过后冷却器、油水分离器和储气罐后得到初步净化的压缩空气，以满足一般气压传动的需要，但如果用于精密的气动装置、气动仪表等，那么上述压缩空气还必须进行干燥处理。空气干燥器的常见故障与维修方法如表 1.2.13 所示。

表 1.2.13 空气干燥器的常见故障与维修方法

故障现象	故障原因	维修方法
干燥器不启动	电源断电或熔丝断开	检查电源有无短路，更换熔丝
	控制开关失效	检修或更换开关
	电源电压过低	检查、排除电源故障
	风扇电动机故障	更换电扇电动机
	压缩机卡住或电动机烧毁	检修压缩机或更换电动机

续表

故障现象	故障原因	维修方法
干燥器运转，但不制冷	制冷剂严重不足或过量	检查制冷剂有无泄漏，测高压、低压压力，按规定充灌制冷剂，若制冷剂过多则放出
	蒸发器冻结	检查低压压力，若低于 0.2MPa 则会冻结
	蒸发器、冷凝器积灰太多	清除积灰
	风扇轴或传送带打滑	更换轴或传送带
	风冷却器积灰太多	清除积灰
干燥器运转，但制冷剂不足，干燥效果不好	电源电压不足	检查电源
	制冷剂不足、泄漏	补足制冷剂
	蒸发器冻结、制冷系统内混入其他气体	检查低压压力，重充制冷剂
	干燥器空气流量不匹配，进气温度过高，放置位置不当	正确选择干燥器实际流量，降低进气温度，合理选择放置位置
噪声大	机件安装不紧或风扇松脱	坚固机件或风扇

空气过滤器也称分水滤气器，它的主要作用是除去压缩空气中的固态杂质、水滴、油污等污染物。空气过滤器的常见故障与维修方法如表 1.2.14 所示。

表 1.2.14　空气过滤器的常见故障与维修方法

故障现象	故障原因	维修方法
压力过大	使用了过细的滤芯	更换适当的滤芯
	滤清器的流量范围太小	换流量范围大的滤清器
	流量超过滤清器的容量	换大容量的滤清器
	滤清器滤芯网眼堵塞	用净化液清洗（必要时更换）滤芯
从输出端逸出冷凝水	未及时排出冷凝水	养成定期排水的习惯或安装自动排水器
	动排水器发生故障	修理（必要时更换）
	超过滤清器的流量范围	在适当流量范围内使用或者更换大容量的滤清器
输出端出现异物	滤清器滤芯破损	更换机芯
	滤芯密封不严	更换机芯的密封，紧固滤芯
	用有机溶剂清洗塑料件	用洁净的热水或煤油清洗
塑料水杯破损	在有机溶剂的环境中使用	使用不受有机溶剂侵蚀的材料（如使用金属杯）
	空气压缩机输出某种焦油	更换空气压缩机的润滑油，使用无油压缩机
	压缩机从空气中吸入对塑料有害的物质	使用金属杯
漏气	密封不良	更换密封件
	因物理（冲击）、化学原因使塑料杯产生裂痕	更换塑料杯
	泄水阀、自动排水器失灵	检修或更换泄水阀

油雾器是一种特殊的注油装置。它以空气为动力，将润滑油喷射成雾状并混合于压缩空气中，随着压缩空气进入需要润滑的部件，达到润滑气动元件的目的。油雾器的常见故障与维修方法见表 1.2.15。

表 1.2.15　油雾器的常见故障与维修方法

故障现象	故障原因	维修方法
油不能滴下	使用的油的种类不对	更换正确的油品

续表

故障现象	故障原因	维修方法
油不能滴下	油雾器反向安装	改变安装方向
	油道堵塞	拆卸并清洗油道
	油面未加压	因通往油杯的空气通道堵塞，需拆卸修理
	因油质劣化流动性差	清洗后换新的合适的油
	油量调节螺钉工作不良	拆卸并清洗油量调节螺钉
油杯未加压	通往油杯的空气通道堵塞	拆卸修理
	油杯大、油雾器使用频繁	加大通往油杯空气通孔，使用快速循环式油雾器
油滴数不能减少	油量调整螺钉失效	检修油量调整螺钉
空气向外泄漏	合成树脂罩壳龟裂	更换罩壳
	密封不良	更换密封圈
	滴油玻璃视窗破损	更换视窗
油杯破损	用有机溶剂清洗	更换油杯，使用金属杯或耐有机溶剂油杯
	周围存在有机溶剂	与有机溶剂隔离

气缸的常见故障与维修方法如表 1.2.16 所示。

表 1.2.16　气缸的常见故障与维修方法

故障现象	故障原因	维修方法
输出力不足	压力不足	检查压力是否正常
	活塞密封件磨损	更换密封件
不能动作	缸内气压达不到规定值	调整压力到规定值
	缸内气源压力符合规定，但仍不能动作	负载太大或活塞与缸筒卡住，拆下清洗
气缸工作速度达不到要求	负载比预定数值大	减小负载到规定值
	气缸内泄漏严重	排除泄漏
	气缸活塞杆别劲，动作阻力增大	调整活塞杆，减小阻力
	缸径可能发生了变化	整修缸筒
产生爬行	供气压力和流量不足	调整供气压力和流量
	润滑油供应不足	改善润滑
	进气节流量过大	改进气节流为排气节流
	负载变化过大	使负载恒定
缓冲速度过度	缓冲调节阀流量过小	改善调节阀性能
	缓冲柱塞别劲	修理缓冲柱塞
	缓冲单向阀未开	修复单向阀
失去缓冲作用	缓冲调节阀全开	调节缓冲调节阀
	缓冲单向阀全开	调整单向阀
	惯性力过大	调整负载，改善惯性力
内泄漏	活塞密封件损坏，活塞两边相互窜气	调换密封件
	活塞与活塞杆连接处螺母松动	拧紧螺母
外泄漏	缸体与缸盖固定密封不良	调换密封件
	活塞杆与缸盖往复运动处密封不良	调换泄漏元件
	缓冲装置处调节阀、单向阀泄漏	调换泄漏元件
气缸损坏	气缸受力偏心，引起活塞杆弯曲	改善气缸受力情况，不受偏载荷
	缸体内混入异物，使缸体内表面拉出伤痕	修复缸筒
	活塞杆拉出伤痕	调换活塞杆

任务 1.3　工作站电气系统故障诊断与维护

1.3.1　布置任务

扫一扫看工作站电气系统日常维护教学课件

扫一扫看工作站电气系统常见故障教学课件

1. 学习任务描述

某结构件加工企业采用 ESTUN 焊接机器人工作站，每天工作20h。为了保证该焊接机器人工作站电气系统运行正常，需每日维护，同时做好定期维护。此外，还要做好故障预案，随时应对突发状况。

2. 学习目标

（1）根据工作站技术资料掌握焊接机器人工作站电气系统的组成。

（2）根据机器人手册等技术资料掌握焊接机器人电气系统的日常维护和周期性维护工作要点。

（3）在老师指导下，按照工作站技术手册，建立电气系统故障树。

（4）小组进行电气系统维保检查验收，完成记录并总结电气系统的故障源及排故技巧。

3. 任务书

在安全栅栏自动焊工作站中，由一台 ESTUN 多关节工业机器人焊接金属件，每天工作20h。依据图 1.3.1 所示的焊接机器人工作站场景，完成该系统的电气系统故障分析及维护。

图 1.3.1　焊接机器人工作站场景

1.3.2　任务实施

扫一扫看工作站电气系统故障处理教学课件

1. 工作计划

各小组按照任务书要求和获取的相关技术手册，确定工作站电气系统的故障树及排故流程，并填写焊接机器人工作站电气维护工作流程（见表 1.3.1）和材料、工具、器件清单（见表 1.3.2）。

表 1.3.1　焊接机器人工作站电气维保工作流程

步骤	工作内容	负责人

表 1.3.2　材料、工具、器件清单

序号	名称	型号和规格	单位	数量	备注

2．工作实施

按以下步骤实施焊接机器人工作站电气系统的维护和排故工作。

1）准备阶段

（1）查阅资料，掌握焊接机器人工作站的供电和电源系统。

（2）根据实验室安全规范要求，做好断电工作。

（3）准备电气维护的相关技术资料、工具和劳动防护用品。

2）工业机器人电气元件更换流程

（1）将电气控制柜的急停按钮按下，关闭电源。

（2）准备好万用表、螺钉旋具等工具。

（3）穿戴好劳动防护用品，戴上防静电手环。

（4）依次拆卸线缆和电气元件。

（5）更换电气元件并接好线缆。

（6）用电气仪表检测并做好通电测试。

（7）整理工具打扫卫生，做好记录。

3．检查验收

根据任务工单及小组工作情况，按照验收标准对电气元件的维保完成情况进行检查验收和评价，并填写验收标准及评分表（见表 1.3.3）和验收过程问题记录表（见表 1.3.4）。

表 1.3.3 验收标准及评分表

序号	验收项目	验收标准	分值	教师评分	备注
1	安全规范	正确穿戴工作服、劳保鞋；发型、指甲等符合安全生产要求；工作过程中不佩戴首饰、钥匙、手表等；设备无损害	20		
2	操作流程	按照任务工单逐项完成	20		
3	完成质量	任务完成效果	20		
4	工作后整理	遵守实验室规章制度，清洁卫生，收集工具	20		
5	小组协作	团结协作，任务分工合理明确	20		
	合计		100		

表 1.3.4 验收过程问题记录表

序号	验收问题记录	整改措施	二次验收	备注

4. 评价反馈

各小组介绍任务分工、工作过程并提交上述验收标准及评分表和验收过程问题记录表。按照表 1.3.5 所示的考核评价表，完成小组自评、组间互评及教师评价，折算后得出该小组的最终成绩。

表 1.3.5 考核评价表

评价项目	评价内容	分值	自评 20%	互评 20%	师评 60%	合计
职业素养（40 分）	安全意识、责任意识、服从意识	10				
	积极参加任务活动，按时完成工作任务	10				
	团队合作、交流沟通能力	10				
	劳动纪律	5				
	现场 6S 标准	5				
专业能力（60 分）	专业资料检索能力	10				
	制订计划能力	10				
	操作符合规范	15				
	工作效率	10				
	任务验收质量	15				
	合计	100				
创新能力（20 分）	创新性思维和行动	20				
	总计	120				
教师签名：	学生签名：					

1.3.3 电气维保安全注意事项

扫一扫看工业机器人电气系统技术规范

1. 机器人操作和安装时的注意事项

操作时要注意安全标志。在操作机器人前，按下机器人控制柜前门及示教器上的急停按钮，并确认伺服电源被切断。伺服紧急情况下，若不能及时制动机器人，则可能引发人身伤害或设备损坏事故。在机器人动作范围内示教时，要遵守以下事项。

（1）保持从正面观看机器人。

（2）遵守操作步骤。

（3）考虑机器人突然向自己所处方位运动时的应变方案。

（4）确保设置躲避场所，以防万一。

（5）由于误操作造成的机器人动作，可能会引发人身伤害事故。

进行机器人示教作业前要检查机器人动作有无异常、外部电线遮盖物及外包装有无破损。同时在选择一个区域安装机器人时，要确保装有工具的机器人转动时不会碰着墙、安全围栏或控制柜，否则可能会因机器人产生未预料的动作而引起人身伤害或设备损坏。接地工程要遵守电气设备标准及相应规章制度，否则会有触电或发生火灾的危险。

扫一扫看工业机器人电气系统接线注意事项

为控制柜配线前须熟悉配线图，进行控制柜与机器人、外围设备间的配线及配管时须采取防护措施，将管、线及电缆从坑内穿过或加保护盖进行遮盖保护。工具和散乱的器材不要遗留在机器人、控制柜或焊接夹具等周围。机器人电气系统须接地。接地前，须关闭电源并锁住主电源开关。在切断电源后的 5min 内，不要接触控制柜内的任何基板。配线时要按照说明书中规定的额定容量进行，确认各电路接线安全牢固。连接控制柜与外围设备间的电缆为低压电缆。信号电缆要远离主电源电路，高压电源线路不与控制柜的信号电缆平行，若不可避免，则应使用金属管或金属槽，防止电信号干扰。若电缆必须交叉布置，则应使电源电缆与信号电缆做垂直正交。机器人的供电电缆标识为 A，将电缆带连接器的一端接到控制柜底部的插座上，另一端接配电箱，动力线缆标识为 D，编码器电缆标识为 E，IO 信号电缆标识为 G，严格按照配线图将机器人与控制柜连接起来，将电缆插入相应插座，并固定牢靠。

2. 机器人控制柜的组成及功能

控制柜是机器人的重要组成部分之一，主要包括电源单元、控制单元等。三相交流电通过滤波器进行滤波后，一组直接供给 400V 级驱动器，另一组经变压器转换为三相 200V 后供给 200V 级驱动器。变压器另一路单相 220V 输出供给控制回路。控制单元可控制多种类型机械机构，例如垂直多关节型、直角坐标型、SCARA 机器人、DETA 机器人，最多可控制 6 关节机器人和 3 个附加轴。控制器有 CF 存储卡、EtherCAT 通信接口、CAN 总线接口、以太网接口、操作面板接口、USB 接口等。控制器具有数码显示功能，当控制器参数有问题时，会有故障显示，此时需要进行排故，重新下载控制器程序。

3. 工业机器人信息系统

当用户操作不当、系统发出警告或出错时，都会以系统信息的方式在管理菜单中显示出来。一条完整的系统信息应包含类型、时间、状态内容描述等信息。当系统报错时，须清除报警信息才能继续对示教器进行操作。点击系统信息菜单中的清除键，可清除示教器系统的报警、错误状态，但系统信息列表中的报警、错误状态显示不会被清除，还会在状态栏中显示各信息的状态和操作权限等信息，方便查看示教器的操作信息及报警、错误历史。

1.3.4　伺服系统故障诊断及维护

扫一扫看工业机器人伺服系统故障排除教学课件

工业机器人的动力系统是驱使执行机构运动的装置，它将电能或流体能等转换成机械能，按照控制系统发出的指令信号，借助动力元件使工业机器人完成指定的工作任务。

1．安装伺服系统时的注意事项

机器人的伺服系统包括伺服驱动器及伺服电机。驱动器安装在发热体附近时，要控制因发热体的热辐射或对流造成的温升影响；安装在振动源附近时，要在驱动器的安装面上安装防振材料，防止振动传递至驱动器；不要设置在高温潮湿的场所、有水滴或切削油飞溅的场所、环境气体中粉尘或铁粉较多的场所、有腐蚀性气体的场所。驱动器使用基座安装时，应安装在上漆的金属表面上。安装时，请使伺服驱动器的正面（操作人员的实际安装面）面向操作人员，并使其垂直于墙壁。为了保证能够通过风扇及自然对流体进行冷却，在伺服驱动器的周围留有足够的空间。在横向两侧各留 10mm 以上，在纵向两侧各留 50mm 以上的空间。机器人的伺服电机带制动器，能让电机在驱动器的电源 OFF 时保持位置固定，使机械的可动部不会因自重或外力作用而移动，内置于伺服电机的制动器为无励磁动作型保持专用制动器，一般在机械侧，不能用于制动，只能用于保持伺服电机的停止状态。制动器需配备独立的 24V 外部电源，其正常工作的电压至少保持在 21.6V。

驱动器需要采用交流供电，其端子排列如图 1.3.2 所示。L1、L2 为电源输入端子，P、B 为再生电阻器连接端子，P、N 为直流母线连接端子，U、V、W 为电动机动力连接端子，PE 为接地端子。伺服驱动器的正面设有操作面板，有 7 段 LED 数码管（5 位）和操作按键。通过操作面板可切换基本模式，同时可进行状态显示、参数设定、运行指令等操作。基本模式中包含状态显示模式、参数设定模式[Pn]、监视模式[Un]及辅助功能模式[Fn]，驱动器的辅助功能代码含义表如表 1.3.6 所示。

图 1.3.2　伺服驱动器主回路端子排列

表 1.3.6　驱动器辅助功能代码含义表

功能代码	含义说明
Fn000	显示报警历史数据
Fn001	恢复参数出厂值
Fn002	JOG 运行
Fn003	速度指令偏移的自动调整
Fn004	速度指令偏移的手动调整
Fn005	电动机电流检测偏移的自动调整
Fn006	电动机电流检测偏移的手动调整
Fn007	伺服软件版本显示
Fn009	负载惯量检测

续表

功能代码	含义说明
Fn010	清除绝对值编码器的多圈数据
Fn011	清除绝对值编码器的报警
Fn017	单参数自动调谐
Fn018	PJOG 运行

扫一扫看工业机器人故障代码说明

2. 伺服报警处理

伺服系统在过载、碰撞等情况下会发出报警，一般分为 Gr.1（一级报警）、Gr.2（二级报警）和警告三个等级，这三个不同等级的报警将影响伺服系统的启停与状态显示。例如，电动机型号中的编码器记号为“L”，说明电动机使用的是绝对值编码器，且需要连接电池。若发生报警 A.47 或 A.48 时，请尽快更换电池。更换电池后，进行“清除多圈报警”操作和“清除多圈信息”操作。

在通信过程中有可能会发生错误，常见错误如下：一是读写参数时，数据地址不对；二是写参数时，数据超过此参数的最大值或小于此参数的最小值；三是通信受到干扰，数据传输错误或者校验码错误。当出现前两种通信错误时，伺服驱动器运行不受影响，同时伺服驱动器会以错误帧反馈。当出现第三种错误时，传输数据将会被认为无效丢弃，不返回帧。伺服驱动器引起的常见故障如表 1.3.7 所示。

表 1.3.7　伺服驱动器引起的常见故障

故障点	故障原因	故障现象	排故措施
伺服驱动器无法上电	伺服驱动器供电线路断开	机器人无法运动	检查是否有报警发生，若有报警发生，先清除报警，再测试是否能够伺服使能 检查示教器通信线缆是否连接正常 用万用表检查机器人控制器与示教器线对应接口的通断 检查急停按钮是否连接正常 用万用表检查伺服驱动器供电线路是否正常 检查电压是否正常 检查伺服一系列参数是否设置正确 检查伺服连线是否断线及 PLC 的 BD 板是否闪烁
伺服通信断线	伺服通信断线	机器人无法使能运动	用万用表检查控制器伺服通信端子与伺服 ED 板之间接线的通断 检查是否有报警发生，若有报警发生，先清除报警，再测试是否能够伺服使能 检查示教器通信线缆是否连接正常 检查急停按钮是否连接正常 用万用表检查伺服驱动器供电线路是否正常 检查电压是否正常 检查伺服一系列参数是否设置正确 检查伺服连线是否断线及 PLC 的 BD 板是否闪烁
伺服电机无法运转	伺服电机动力线断开或电动机堵转	机器人无法运动	检查示教器与伺服是否报警，若有，清除报警 检查伺服一系列参数是否设置正确 检查急停按钮是否被按下 检查伺服电机动力线是否接好，相序是否连接正确 检查电动机是否负载过大或电动机是否被卡住

续表

故障点	故障原因	故障现象	排故措施
伺服编码器无反馈	编码器电池断开	机器人运动有影响	检查示教器与伺服驱动器是否报警，若有，清除报警 检查编码器电池与电池座是否接触良好 更换电池
伺服与 PLC 无法通信或运行异常	伺服参数设置错误	机器人无法使能或运动异常	按下急停按钮，修改伺服参数，每个驱动器的站号必须与轴号相同

1.3.5　机器人控制器和示教器的故障诊断与维护

1. 控制器

控制器是机器人系统的运动控制中心，在机器人系统应用中，实现机器人的运动控制及与机器人协调的部件控制，是接收示教器指令、发送终端控制信号的核心。控制器与伺服驱动器之间一般通过耦合器连接。耦合器是扩展模块和 Ether CAT 主站间的数据中转站，可接收并执行主站的指令，管理扩展模块，收集扩展模块数据，并将其发送给主站及将主站运算结果发送给扩展模块。一般耦合器要配备电源模块进行供电，控制模块如图 1.3.3 所示。

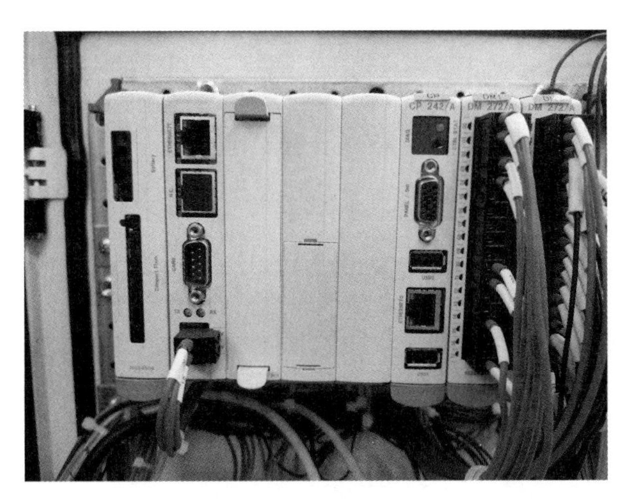

图 1.3.3　控制模块

机器人控制单元还配有扩展模块，如数字输入、数字输出。数字输入模块采集 DC 24V 逻辑输入信号，将采集结果发给耦合器。而耦合器通过 Ether CAT 总线把信号传给控制器。数字输出模块接收并执行耦合器指令，把从耦合器接收到的逻辑数据发送给执行机构。为了区分 Ether CAT 从站中不同的扩展模块，每个扩展模块的顶端都有一个拨码器，用于设置模块在从站中的 ID，区分不同的模块。当安装分布式从站模块时，需远离大功率电器，如变频器、接触器、伺服驱动器等，至少保持 400mm 的距离。控制器引起的常见故障如表 1.3.8 所示。

表 1.3.8　控制器引起的常见故障

故障点	故障原因	故障现象	排故措施
机器人控制器无法上电	控制器电源线断线	控制器无法运行，机器人无法正常运转	检查 BD 板是否接触不良 检查控制器供电线路是否正常，电压是否正常
控制器 I/O 异常	控制器 I/O 接线断开	机器人无法正常运转	检查控制器对应的 I/O 接线是否正常 检查 I/O Link 是否损坏

2. 示教器

示教编程器（简称示教器）上设有用于机器人进行示教和编程所需的操作键和按钮，示教器显示分为通用显示区、状态显示区、快捷按钮显示区和点动显示区。示教器一般通过航插接头与控制柜相连接，要注意航插接口信号定义，以免接错或接反信号。

1）示教器程序升级

示教器的升级有两种方式，一种是通过 ES Tool 更新，另一种是通过 HMI 更新插件。通过 ES Tool 是对示教器自身系统的更新，而更新 HMI 插件是更新到控制器系统中，之后随控制器版本改变而实时更新。示教器程序升级的设置如下。

步骤 1：切换用户为管理员，点击高级设置插件组。

步骤 2：进入 HMI 更新插件。

步骤 3：进入 HMI 更新界面，若勾选“开机同步更新 HMI”复选框，则启用 HMI 更新方式；若不勾选，则启用 ES Tool 更新方式。

2）ES Tool 更新

步骤 1：启动 ES Tool。

步骤 2：进入 ES Tool 登录界面。

步骤 3：登录后显示 HMI 更新界面，选择 HMI 功能模块，在示教器中插入 U 盘，在左侧选择要更新的文件，点击“一键更新”功能键即可实现示教器更新。

3）HMI 更新插件

步骤 1：切换用户为管理员，点击高级设置插件。

步骤 2：在 HMI 文件列表中选择 U 盘中需要更新的 HMI 文件，点击“选择”功能键。

步骤 3：更新完成后，弹出提示信息。

步骤 4：点击“重启”按钮，示教器重启，并自动升级到更新 HMI 版本。

为了保证机器人正常工作，防止程序丢失，一般需要对机器人程序进行备份。在 HMI 更新界面中点击“备份”功能键即可将当前的示教器程序导出至 U 盘内。示教器程序导入方法与导出方法类似。

4）控制器程序更新

更新控制器运行程序，按照以下步骤操作。

步骤 1：将准备更新的控制器运行程序（.runtime 格式文件）放入 U 盘根目录。

步骤 2：将 U 盘插入示教器 USB 接口，选择进入系统主页中的高级设置，点击进入控制器升级主界面。

步骤3：点击“RUNTIME包更新”功能键。

步骤4：根据界面提示逐步完成即可。

当进行控制器程序更新时通常需要对现有控制器程序中的工程数据和机器人参数进行备份。当更新完成后可恢复用户设置状态。对于机器人参数的备份，可通过点击“备份参数设置”功能键进入设置界面，点击“添加”或“删除”功能键来增加或减少需要备份的参数。

控制器数据的导入与导出，需要按照以下步骤操作。

步骤1：将准备导入的工程数据（.project格式文件）和机器人参数（.Robot格式文件）放入U盘根目录，导出数据则忽略该步骤。

步骤2：将U盘插入示教器USB接口，选择进入系统主页中的高级设置，点击进入控制器升级主界面。

步骤3：点击“数据导入导出”功能键。

步骤4：根据需要选择对应的导出或导入的数据即可。

示教器引起的常见故障如表1.3.9所示。

表1.3.9 示教器引起的常见故障

故障点	故障现象	故障原因	排故措施
示教器通电却无法正常使用页面按钮	485通信线断开	示教器失灵	（1）检查急停按钮是否被按下以及急停按钮连接是否良好 （2）检查是否有报警显示，如果有排除报警再测试示教器是否使用正常 （3）检查示教器通信线缆是否连接正常
急停按钮失效	示教器急停按钮线断开	机器人无法使能	（1）检查是否有报警发生，若有，则先清除报警，再测试是否能够使能 （2）检查急停按钮是否连接正常 （3）检查示教器通信线缆是否连接正常
使能按钮无用	示教器使能按钮断开	机器人无法运动	（1）检查是否有报警发生，若有，则先清除报警，再测试是否能够使能 （2）检查示教器通信线缆是否连接正常 （3）检查急停按钮是否连接正常 （4）检查伺服一系列参数是否设置正确
示教器无法上电	电源线断开	无法控制操作机器人运行	（1）检查机器人控制器上电是否正常，如果控制器上电正常，则检查示教器电源线引脚的电压 （2）如果电压为0，则电源通电不正常；如果电压为24V，则通电正常

1.3.6 电气设备故障诊断与维护

扫一扫看电气设备故障诊断与处理

电气设备在运行过程中会产生各种各样的故障，致使设备停止运行而影响生产，严重的还会造成人身伤害或设备事故。有些电气设备故障是电气元件自然老化引起的，还有相当部分的故障是因为忽视了对电气设备的日常维护和保养，导致小毛病发展成大事故。此外，还有些故障则是由于电气维修人员在处理电气故障时的操作方法不当，或因缺少配件凑合行事，或因误判断、误测量而扩大了事故范围所造成的。所以，必须十分重视对电气设备的维护和保养。

1. 电气故障原因及类型

扫一扫看工作站电气系统故障分析教学课件

电气设备故障具有必然性，尽管对电气设备采取了日常维护保养及定期校验检修等有效措施，但仍不能保证电气设备长期正常运行，永远不出现电气故障。电气故障产生的原因主要有自然故障和人为故障两方面。由于电气设备的结构不同，电气元件的种类繁多，引起电气故障的因素多种多样，因此电气设备所出现的故障必然是各式各样的。按照故障发生的位置分，主要有电源故障、线路故障、元器件故障。

在控制电路中电源故障一般占到20%左右。由于电源种类较多，且不同电源有不同的特点，不同用电设备在相同电源参数下有不同的故障表现，因此电源故障的分析查找难度很大。线路故障大致可以分为导线故障和导线连接部分故障两种。导线故障一般是由导线绝缘层老化破损造成导线折断引起的；而导线连接部分故障一般是由连接处松脱、氧化、发霉等引起的。在一个电气控制电路中，所使用的元器件种类有数十种甚至更多，而不同的元器件，发生故障的模式也不同。

2. 电气设备的维护保养

（1）电气柜门、盖、锁及门框周边的耐油密封垫均应良好。门、盖应关闭严密，不得有水滴、油污和金属屑等进入电气柜内，以免损坏电气设备造成事故。

（2）电气设备元器件之间的连接导线、电缆或保护导线的软管，不得被冷却液、油污等腐蚀，管接头处不得产生脱落或散头等现象。在巡视时，如发现类似情况应及时修复，以免绝缘损坏造成短路故障。

（3）电气设备的按钮、操纵台上的按钮、主令开关的手柄、信号灯及仪表护罩等都应保持洁净完好。

（4）对于设置在电气柜内的电气元器件，主要靠定期维护保养。其维护保养周期应根据电气设备的结构、使用情况及环境条件等来确定。一般可采用配合机械设备的一、二级保养同时进行其电气设备的维护保养工作。

任务 1.4　工作站整站装调、故障诊断与维护

1.4.1　布置任务

1. 学习任务描述

焊接机器人是应用最广泛的一类工业机器人，已在汽车、飞机、管道等行业应用，在各国机器人应用比例中占总数的40%～60%。其可以独立完成焊接工作，也可应用于自动化生产线，作为焊接工序的一个工艺部分，成为生产线上一个具有焊接功能的“站”。

2. 学习目标

（1）通过信息查询获得焊接机器人工作站的日常维护内容。

（2）根据焊接机器人工作站手册等技术资料掌握常见故障的处理方法。

（3）在老师指导下，通过小组合作，完成焊接机器人工作站整站的装调与运维。

（4）小组进行任务检查验收，归纳总结焊接机器人工作站维护中的注意事项。

3．任务书

在安全栅栏自动焊工作站中，由一台 ESTUN 多关节工业机器人焊接金属件，每天工作 20h。为了保证工作站正常运行，要求技术人员能够提前预判设备故障，一旦出现故障能及时处理解决，以免影响生产。

1.4.2　任务实施

1．工作计划

各小组按照任务书要求和获取的相关技术手册，制定焊接机器人工作站维护与排故的工作方案，并填写焊接机器人工作站的维护与排故工作流程（见表 1.4.1）和材料、工具、器件清单（见表 1.4.2）。

表 1.4.1　焊接机器人工作站的维护与排故工作流程

步骤	工作内容	负责人

表 1.4.2　材料、工具、器件清单

序号	名称	型号和规格	单位	数量	备注

2. 任务实施

按以下步骤实施焊接机器人工作站的维护与故障分析。

1）准备阶段

（1）将工业机器人位姿调整到便于观察和清洁的位置。

（2）工作站系统断电，并在主供电箱内悬挂警示标志。

（3）准备维护的相关技术资料、工具和劳动防护用品。

2）焊接机器人工作站维保实施步骤

（1）清洁工业机器人本体污渍、焊枪和清枪装置。

（2）检查焊盘和送丝机构，并及时添加焊丝和气体耗材。

（3）检查工业机器人本体的关节臂和传动机构，及时进行润滑油更换。

（4）检查焊接电源，做好导线的维保和更换。

（5）检查焊烟净化器，做好滤网的清洗工作。

（6）清洁整理焊渣盒，以及清洁和更换焊接夹具。

（7）检查焊接工作站外围安全防护装置。

3）焊接机器人工作站故障分析的实施步骤

（1）分析结构件焊接质量是否达标。

（2）分析焊接电源波动性。

（3）分析焊接能否引弧。

（4）分析工业机器人能否示教编程。

（5）分析焊接过程中烟雾是否过大。

（6）分析焊丝无法输送的原因。

3. 检查验收

结合任务工单，按照验收标准对小组任务完成情况进行检查验收和评价，并填写验收标准及评分表（见表 1.4.3）和验收过程问题记录表（见表 1.4.4）。

表 1.4.3　验收标准及评分表

序号	验收项目	验收标准	分值	教师评分	备注
1	安全规范	正确穿戴工作服、劳保鞋；发型、指甲等符合安全生产要求；工作过程中不佩戴首饰、钥匙、手表等；设备无损害	20		
2	焊接设备	正常工作，表面干净整洁	20		
3	焊盘和送丝	原料充足，符合送丝流程	20		
4	焊烟净化器	焊接烟雾及时吸走，收集器干净	10		
5	工业机器人	本体表面整洁，机器人动作流畅	20		
6	工作环境	工作站干净整洁，原料摆放整齐	10		
	合计		100		

表 1.4.4 验收过程问题记录表

序号	验收问题记录	整改措施	完成时间	备注

4．评价反馈

小组介绍任务分工、工作过程并提交上述验收标准及评分表和验收过程问题记录表。按照表 1.4.5 所示的考核评价表，完成小组自评、组间互评及教师评价，折算后得出该小组的最终成绩。

表 1.4.5 考核评价表

评价项目	评价内容	分值	自评 20%	互评 20%	师评 60%	合计
职业素养（40 分）	安全意识、责任意识、服从意识	10				
	积极参加任务活动，按时完成工作任务	10				
	团队合作、交流沟通能力	10				
	劳动纪律	5				
	现场 6S 标准	5				
专业能力（60 分）	专业资料检索能力	10				
	制订计划能力	10				
	操作符合规范	15				
	工作效率	10				
	任务验收质量	15				
	合计	100				
创新能力（20 分）	创新性思维和行动	20				
	总计	120				
教师签名：		学生签名：				

1.4.3 设备维修信息管理

设备维修信息管理的任务是建立完整的信息系统，收集、储存与设备有关的各种信息，以及进行信息的加工处理、输出与反馈，为设备的经济、技术决策服务。

1．设备维修信息分类

设备维修信息繁杂，从维修角度可以分为设备状态信息、设备保障信息、设备故障或事

故信息、维修工作信息、维修物资信息、维修人员信息、维修费用信息等。

2. 计算机信息系统功能

设备维修计算机信息系统的功能与计算机硬件、软件配置有关。目前，一些通用性较强的设备管理软件已纳入了系统软件。计算机信息系统在设备维修与管理中具有过程控制、工程设计与计算、信息处理的功能。

（1）过程控制功能可用于检测设备的工作状态和性能指标，如振动、噪声、超声、温升、冷却状态、润滑状态及环境因素等，提供指导维修工作的信息。

（2）工程设计与计算功能可以对各种设备和维修工艺装备进行力学分析和计算，也可以进行计算机辅助设计和制图及各种优化。

（3）信息处理功能用于编制设备维修计划和备件管理。在确定设备维修计划时，可引用计算机系统中的设备档案信息、维修信息、诊断信息，结合实际情况，通过计算机编制年度、季度、月份设备维修计划，也可将维修设备的需求信息、库存信息、出入库信息输入计算机系统，随时查询库存情况和统计报表。此外，当库存数量下降到警戒线时，还可发出报警提示。

3. 设备维修计划管理

企业设备管理部门需要对设备进行有计划的、针对性的维修。在执行具体的维修任务时，也需要合理组织，保证维修的进度、质量和效益。这种计划与组织工作称为维修计划管理。按时间进度编制的计划可分为年度、季度、月份维修计划，按维修类别编制的计划通常为年度大维修计划和年度设备定期维护计划。

维修计划可依据设备的技术状态、生产工艺及产品质量对设备的要求、安全与环境保护的要求及维修周期和维修间隔期编制。在编制维修计划时应注意以下事项。

（1）生产急需的、影响产品质量的、关键工序的设备应重点安排。

（2）生产线上单一关键设备，应尽可能安排在节假日中检修，以缩短停歇时间。

（3）连续或周期性生产的设备（热力、动力设备）必须根据其特点适当安排，使设备的维修与生产任务紧密结合。

（4）精密设备的检修要符合其特殊要求。

（5）应考虑修前生产技术准备工作的工作量和时间进度。

（6）同类设备，尽可能连续安排。

（7）综合考虑设备修理所需要的技术、物资、劳动力及资金来源的可能性。

在具体实施设备维修的某一项任务时，都需要编制作业计划。使用网络计划技术编制作业计划，能优化作业过程管理，充分利用各项资源，缩短维修工期，减少停机损失。它可用于大型复杂设备的大修、项目维修的作业计划编制，大型复杂设备的安装调整工程等。为了缩短维修停歇时间，保证计划的实现，可根据不同情况，采用部件维修、分部维修、同步维修等先进维修组织方法。

4. 设备维保质量管理

设备维保质量管理是指为了保证设备维修与保养的质量，所进行的一系列管理。技术和工艺的管理对顺利完成设备维保工作起着非常重要的作用。工艺管理内容主要有规格标准、图样资料、设备布置图及动力管线网图、工艺资料、设备质量标准和试验规程等。设备维保质量管理的内容主要有以下几个方面。

（1）制定设备维修的质量标准。

（2）编制设备维修的工艺。

（3）进行设备维修质量的检验和评定。

（4）加强维修过程中质量管理。对关键工序建立质量控制点和开展群众性的质量管理小组活动，认真贯彻维修工艺方案。

（5）开展修后用户服务和质量信息反馈工作。

（6）加强技术培训工作，提高技术水平和管理水平。

1.4.4 整站装调与排故

1. 故障检查点

在焊接过程中出现异常状况时，按照表1.4.6所示的检查要点进行检查。

表1.4.6 焊接异常时的检查要点

焊接方法（熔接法）	确认选择的熔接法（焊接方法）与使用的焊丝材料、焊丝直径和焊接保护气相匹配
参数	确认是否因为修改参数而引起焊接异常。记下修改参数后，返回初效数据，对焊接进行确认
焊接电压指令（自动/个别）	确认焊接电源的“自动/个别”选择与机器人的“自动/个别”选择是否一致。焊接电源的“自动/个别”选择由“自动/个别”按钮进行设定。当设定为“自动”时，LED指示灯点亮。如果二者不对应，那么面板上将显示异常焊接电压值
电动机选择	①电路式伺服电机；②伺服焊枪；③机械伺服电机。电动机选择出现错误，送丝量将偏离指令值，从而无法进行正常的焊接
电压检出线	当电压检出线未连接或断路时，焊接中电压表将显示约0V，并输出错误提示“Err-702”（电压检出线异常）
编码器电缆	编码器电缆断路或A、B相接反时，送丝速度将会异常加快。送丝速度将显示为“0”，并发出错误提示“Err501”（送丝异常）

2. 电气回路故障

焊接机器人工作站常见的电气回路部分的异常状态、原因和措施与检查如表1.4.7所示。

表1.4.7 焊接机器人工作站常见电气回路故障

序号	异常状态		原因	措施与检查
1	有起动信号但不起弧		起动信号没有传递给焊接电源	确认焊接指令电缆、检查基板上的插头插入情况
2	无法调节焊接电流	来自机器人的焊接电流指令不能进行调节	来自机器人的模拟量指令不正常	检查机器人侧的模拟量指令输出情况
3	无法调节焊接电压	来自机器人的焊接电压指令不能进行调节	来自机器人的模拟量指令不正常	检查机器人侧的模拟量指令输出情况
4	不能气体调节，不能停止		气体电磁阀出现故障	对送气系统进行调查

项目小结

本项目以 ESTUN 工业机器人为例，介绍了焊接机器人工作站故障诊断与维护的内容。按照焊接机器人工作站各系统的组成单元，分别介绍了焊接机器人机械系统、电气系统的基础知识与技能，同时讲解了维保的操作规范、操作流程和注意事项，以及常见的故障点及排故方法。通过焊接工作站整站的装调、故障诊断与维护，掌握设备维修的信息管理、计划管理及质量管理。

练习题 1

1．焊接工业机器人主要由_______________、_______________、_______________组成。因此，机器人日常维护工作很重要。

2．工业机器人机械零点的作用有哪些？

3．焊接工作站日常维保工作有哪些安全注意事项？

4．焊接机器人润滑油更换的步骤和注意事项有哪些？

5．工业机器人控制柜的电气元件如何更换？

6．在电气维保时，如何避免静电对电气元件造成损害？

任务 2.1 工作站系统认知

扫一扫看本项目习题库及参考答案

扫一扫看上下料工作站认知微课视频

2.1.1 布置任务

1. 学习任务描述

随着机床加工技术的不断提高，以及对机床在加工过程中工件上料、下料方式要求的提高，机器人在机械加工中的自动化应用由此产生，并在各个机床加工领域得到越来越广泛的应用。

2. 学习目标

（1）通过信息查询上下料机器人工作站的主要组成部分。
（2）根据机器人手册等技术资料掌握上下料机器人的基本操作。
（3）通过小组合作，完成上下料机器人工作站的系统认知。
（4）在老师指导下，按照工作站技术手册，确定上下料机器人工作站的维护工作要点。
（5）在老师指导下，小组合作，完成上下料机器人工作站的日常维护任务。
（6）小组进行施工检查验收，归纳总结上下料机器人工作站维护过程中的注意事项。

3. 任务书

在上下料机器人工作站中，由两台 ABB 六关节工业机器人与数控机床协调工作完成传动轴的加工，每天工作 18h。请依据图 2.1.1 所示的上下料机器人工作站场景，设计该系统的日常维护方案。

图 2.1.1　上下料机器人工作站场景

2.1.2　任务实施

扫一扫看上下料机器人工作站工作流程

1. 工作计划

按照任务方案和相关技术手册，制定上下料机器人工作站日常维护的工作流程，并填写上下料机器人工作站日常维护工作流程(见表 2.1.1)，以及材料、工具、器件清单(见表 2.1.2)。

表 2.1.1　上下料机器人工作站日常维护工作流程

步骤	工作内容	负责人

表 2.1.2　材料、工具、器件清单

序号	名称	型号和规格	单位	数量	备注

2. 工作实施

按以下步骤实施上下料机器人工作站的日常维护工作。

1）准备阶段

（1）将工业机器人位姿调整到便于观察和清洁的位置。

（2）工作站系统断电，并在主供电箱内悬挂警示标志。

（3）查阅维护的相关技术资料，准备工具和劳动防护用品。

2）上下料机器人工作站整站维护实施步骤

（1）检查料仓和传感器信号。

（2）检查传送机构，并及时添加加工原材料。

（3）检查气体压力表和气路密封性。

（4）检查数控机床三爪卡盘是否能正常夹紧，舱门是否能正常打开。

（5）检查数控机床废屑传送带的滤网并清洗。

（6）清洁、整理废屑料车。

（7）检查上下料机器人本体的各机械臂、动力线和信号线的状况。

（8）检查上下料机器人工作站外围安全防护装置。

3. 检查验收

根据任务工单及小组工作情况，按照验收标准对任务完成情况进行检查验收和评价。验收标准及评分表如表 2.1.3 所示，验收过程问题记录表如表 2.1.4 所示。

表 2.1.3 验收标准及评分表

序号	验收项目	验收标准	分值	教师评分	备注
1	安全规范	正确穿戴工作服、劳保鞋；发型、指甲等符合安全生产要求；工作过程中不佩戴首饰、钥匙、手表等；设备无损害	10		
2	数控机床	数控机床已完成对刀操作；数控加工程序已验证准确	20		
3	料仓	料仓中传感器信号稳定，能检测出是否有工件	10		
4	传送机构	传送带能正常转动；传送带速度正常；各传感器信号正常	10		
5	视觉检测系统	光源正常；传感器信号正常；能进行拍照	20		
6	机器人本体	能实现关节转动；气源正常；末端执行器能正常进行更换	30		
	合计		100		

表 2.1.4　验收过程问题记录表

序号	验收问题记录	整改措施	完成时间	备注

4．评价反馈

小组介绍任务分工、工作过程并提交上述验收标准及评分表和验收过程问题记录表。按照表 2.1.5 所示的考核评价表，完成小组自评、组间互评及教师评价，折算后得出该小组的最终成绩。

表 2.1.5　考核评价表

评价项目	评价内容	分值	自评 20%	互评 20%	师评 60%	合计
职业素养（40 分）	安全意识、责任意识、服从意识	10				
	积极参加任务活动，按时完成工作任务	10				
	团队合作、交流沟通能力	10				
	劳动纪律	5				
	现场 6S 标准	5				
专业能力（60 分）	专业资料检索能力	10				
	制订计划能力	10				
	操作符合规范	15				
	工作效率	10				
	任务验收质量	15				
	合计	100				
创新能力（20 分）	创新性思维和行动	20				
	总计	120				
教师签名：		学生签名：				

2.1.3　上下料机器人工作站系统组成

上下料机器人工作站由六轴工业机器人、机器人控制系统、挡隔料装置、物流系统、电控系统等构成，数控机床对工件进行机械加工，六轴工业机器人实现工件的自动上下料，挡隔料装置、物流系统、电控系统完成工件的自动化流转和积放料，各个系统相互配合实现生产过程的自动化。常见上下料机器人工作站如图 2.1.2 所示。

上下料机器人工作站的特点如下。

（1）高精度定位，快速搬运夹取，缩短作业节拍，提高机床的工作效率。

（2）机器人作业稳定可靠，有效减少不合格产品数量，提高产品质量。

（3）无疲劳连续作业，降低机床闲置率，扩大工厂产能。

（4）高自动化水平，提高产品制造精度，提高批量生产效率。

（5）高度柔性，快速灵活地适应新任务和新产品，缩短交货期。

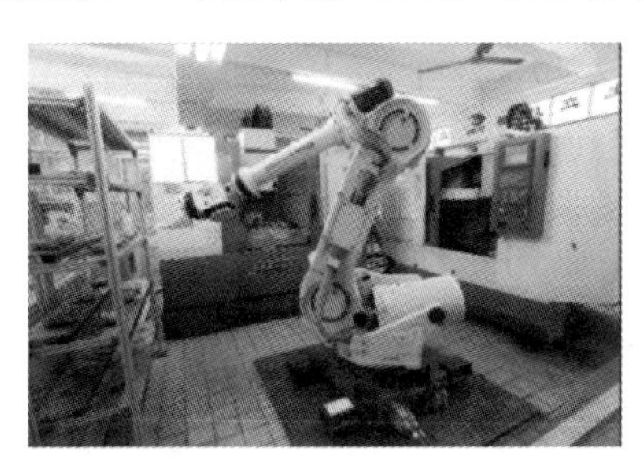

图 2.1.2　常见上下料机器人工作站

2.1.4　数控机床组成

该工作站中数控机床选用的是沈阳机床厂 i5 T3.3 数控车床，主要用于轴类零件或盘类零件的内外圆柱面、任意锥角的内外圆锥面、复杂回转内外曲面和圆柱、圆锥螺纹等的切削加工，并能进行切槽、钻孔、扩孔、铰孔及镗孔等。i5 T3.3 数控车床如图 2.1.3 所示。

i5 T3.3 数控车床由以下几部分组成。

（1）主机。主机包括主电动机、主轴单元、床身、卡盘油缸、伺服刀架、直线导轨、整体驱动尾台、液压缸等机械部件，用于完成各种切削加工的机械部件，如图 2.1.4 所示。

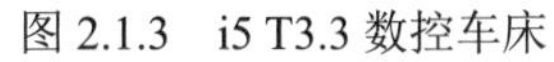

图 2.1.3　i5 T3.3 数控车床

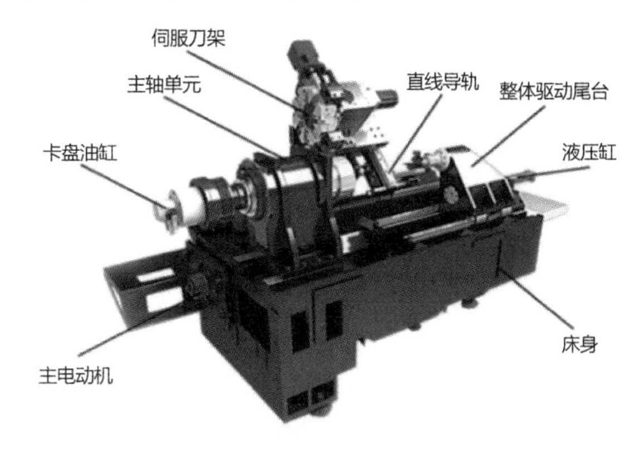

图 2.1.4　i5 T3.3 数控车床机械结构

（2）数控装置。数控装置是 i5 T3.3 数控车床的核心，包括硬件及相应软件，用于输入数字化的零件程序，并完成输入信息存储、数据变换、插补运算及实现各种控制功能，如图 2.1.5 所示。

（3）驱动装置。驱动装置是 i5 T3.3 数控车床执行机构的驱动部件，包括主轴驱动单元、进给单元、主轴电动机及进给电动机等，如图 2.1.6 所示。在数控装置的控制下通过电气或电液伺服系统实现主轴和进给驱动。当几个进给联动时，可以完成定位、直线、平面曲线和空间曲线的加工。

（4）辅助装置。辅助装置是指 i5 T3.3 数控车床的一些必要的配套部件，用以保证 i5 T3.3

数控车床运行，如冷却、排屑、润滑、照明、监测等。辅助装置包括液压和气动装置、排屑装置、交换工作台、数控转台和数控分度头，以及刀具和监控检测装置等。

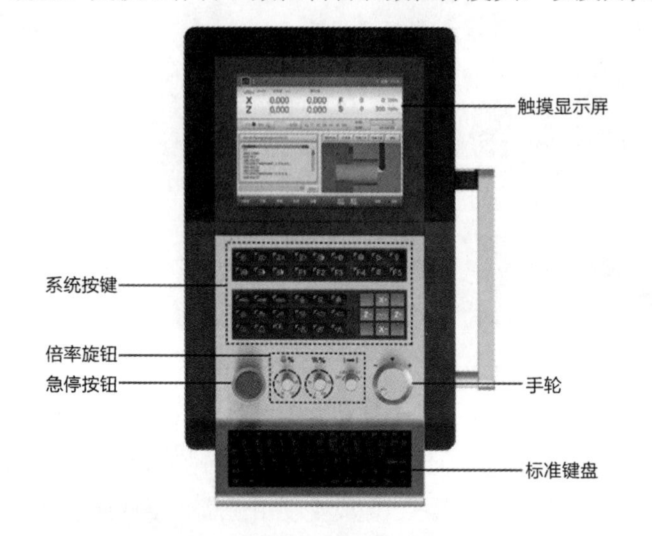

图 2.1.5　i5 T3.3 数控车床的数控装置

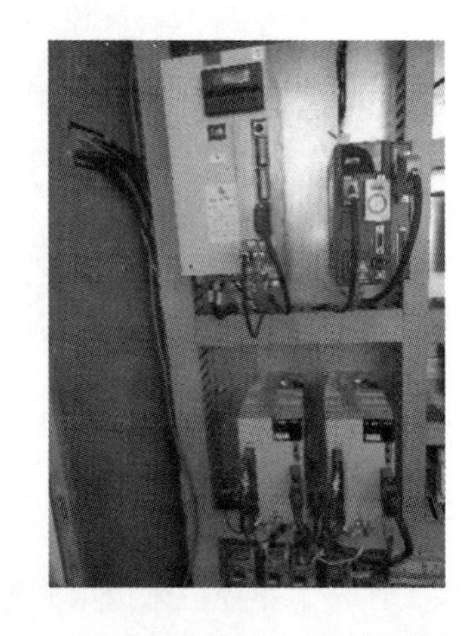

图 2.1.6　i5 T3.3 数控车床的驱动装置

（5）编程及其他附属设备，可用于机外零件的程序编制、存储等。表 2.1.6 所示为 i5 T3.3 数控车床的性能参数。

表 2.1.6　i5 T3.3 数控车床的性能参数

项目	名称	i5 T3.3	单位
		伺服刀架	
技术规格	最大切削直径	ϕ360	mm
	最大车削长度	500	mm
	床身上最大回转直径	ϕ530	mm
	滑板上最大回转直径	ϕ260	mm
主轴	主轴端部型式及代号	A2-6	
	前轴承内径	100	mm
	主轴前端锥孔的锥度	1:20	
	主轴通孔直径	ϕ65	mm
	标准卡盘直径	8	in
	主轴最高转数	4000	r/min
	主轴额定扭矩	157.5	Nm
	主轴最大扭矩	215	Nm
	主电动机输出功率	11/15	kW
进给轴	*X*/*Z* 轴快速移动	30	mm
	X 轴行程	190	mm
	Z 轴行程	510	mm
尾座	尾座行程	400	mm
	尾座锥孔锥度	莫氏锥度 5#	

续表

项目	名称	i5 T3.3	单位
		伺服刀架	
刀架	中心高	80	mm
	工位数	8	
机床外形尺寸（长×宽×高）		2625×1600×2000	mm

2.1.5　工业机器人系统组成

上下料机器人选用 ABB IRB 1600 工业机器人（见图 2.1.7），其具有出色的可靠性，整个机械部分防护等级均为 IP54，敏感件是标准的 IP67 防护等级。与物料搬运、上下料和加工应用领域的其他同类机器人相比，ABB IRB 1600 的作业周期缩短了一半。

工业机器人系统主要由机械部分、传感部分、控制部分三大部分组成。

扫一扫看工作站常用传感器教学课件

机械部分：工业机器人完成各种运动的机械部件。这部分由骨骼（杆件）和连接它们的关节（运动副）构成，具有多个自由度，主要包括手部、腕部、臂部、机身等部件。

传感部分：在工业机器人内部传感器中，位置传感器和速度传感器是当今机器人反馈控制中不可缺少的元器件。工业机器人外部传感器的作用是检测作业对象及环境或机器人与它们的关系，在机器人上安装了触觉传感器、视觉传感器、力觉传感器、接近觉传感器、超声波传感器和听觉传感器，可以大大改善机器人的工作状况，使其能够完成更加复杂的工作。

控制部分：采用模块化的硬件结构和以计算机为基础的开放式软件架构，可以根据用户的设备和用户的特殊要求进行灵活适配。此外，还具有各种扩展功能，可以使用户的控制系统轻松地适配各种新的生产任务，还可以使用户灵活应对变化并确保产品的竞争优势。ABB IRB 1600 工业机器人控制柜如图 2.1.8 所示，表 2.1.7 所示为 ABB IRB 1600 机器人的性能参数。

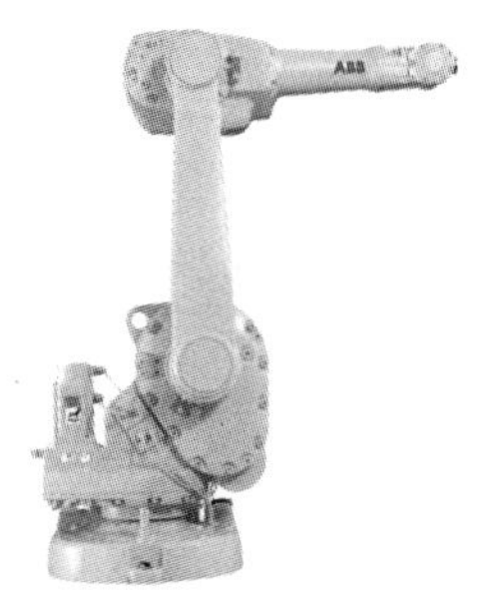

图 2.1.7　ABB IRB 1600 工业机器人

图 2.1.8　ABB IRB 1600 工业机器人控制柜

表 2.1.7　ABB IRB 1600 机器人的性能参数

性能指标	参数	性能指标	参数
机器人型号	IRB 1600-10/1.45	重复定位精度	0.05mm
手腕持重	10kg	机器人底座大小	484mm×648mm
最大臂展半径	1.45m	机器人高度	1294mm
轴数	6	机器人质量	250kg

续表

轴运动	工作范围	最高速度
轴 1 旋转	-180°～+180°	180°/s
轴 2 手臂	-90°～+150°	180°/s
轴 3 手腕	-245°～+65°	185°/s
轴 4 旋转	-200°～+200°	385°/s
轴 5 弯曲	-115°～+115°	400°/s
轴 6 回旋	-400°～+400°	460°/s

2.1.6 主集成控制系统组成

本上下料机器人工作站中的主控系统采用西门子 PLC S7-1200，CPU 1214 AC/DC/Relay，配置总线模块，通过 PROFINET 通信协议完成 PLC 与模块的通信，实现外部 I/O 扩展。表 2.1.8 所示为 S7-1200 CPU 的性能参数。

表 2.1.8 S7-1200 CPU 的性能参数

性能指标	参数	性能指标	参数
S7-1200 CPU 特性	CPU 1214 AC/DC/Relay	电压范围	85～264 V AC
本机数字量 I/O 点数	14 点输入/10 点输出	电源频率	47～63 Hz
本机模拟量输入	2 路输入	脉冲输出（最多 4 点）	100kHz 或 20kHz
信号模块扩展个数	最多为 8 个	上升沿/下降沿中断点数	12/12 点
通信模块扩展	最多为 3 个	脉冲捕捉输入点数	14 点
位存储器（M）	8192B	传感器电源输出电流	400mA
高速计数器点数	6 点	外形尺寸	110mm×100mm×75mm

1. 总线模块

总线模块具有远程 I/O 传送功能，方便工业现场的应用，采用 WELL-LINK 总线模块，如图 2.1.9 所示。模块通信接口支持 PROFINET 总线协议，符合 IEC 61158 标准和 GB/T 25105.1～GB/T 25105.3 标准，能够实现与西门子 PLC 无缝连接。集成的双口交换功能，方便实现线性拓扑结构，能够满足绝大多数应用场合。

图 2.1.9 总线模块

2．硬件连接

I/O 总线模块与西门子 PLC 的组态连接如图 2.1.10 所示，通过 PROFINET 通信协议扩展 PLC 本体的 I/O 接口。

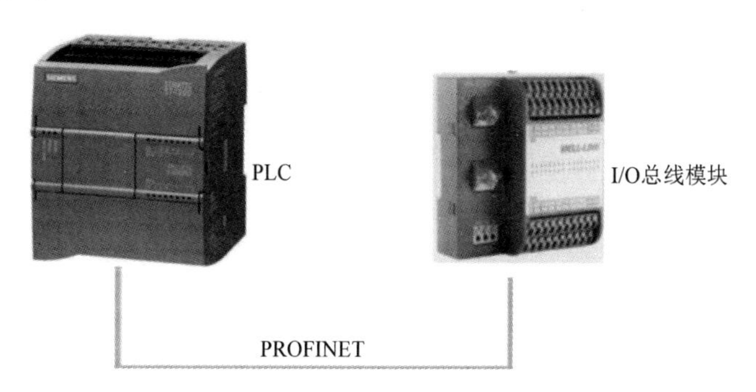

图 2.1.10　I/O 总线模块与西门子 PLC 的组态连接

3．PLC 硬件组态

图 2.1.11 所示为上下料机器人工作站硬件组态，表 2.1.9 所示为上下料机器人工作站中各组件的 IP 地址分配表。

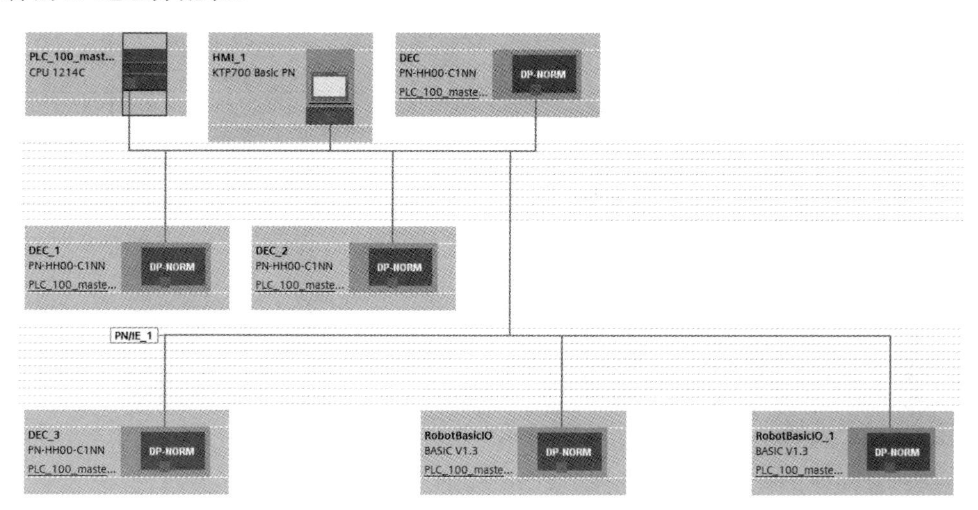

图 2.1.11　上下料机器人工作站硬件组态

表 2.1.9　上下料机器人工作站中各组件的 IP 地址分配表

设备	IP 地址	映射地址
可编程控制器（PLC）	192.168.1.100	0～3
SSD1 号模块 DEC_3	192.168.1.102	6～7
SSD2 号模块 DEC_1	192.168.1.104	10～11
Warehouse1 模块 DEC	192.168.1.101	4～5
Warehouse2 模块 DEC_2	192.168.1.103	8～9
触摸屏（HMI）	192.168.1.105	

续表

设备	IP 地址	映射地址
视觉系统（CCD）	192.168.1.106	
1 号机器人	192.168.1.107	
2 号机器人	192.168.1.108	
网关	192.168.1.200	
PC	192.168.1.99	
监控系统	192.168.1.109	

2.1.7 工作站其他辅助装置

1. 料仓

在上下料机器人工作站中，共有两个料仓，料仓中的每个工位都采用传感器检测是否有物料。

2. 传送带

在上下料机器人工作站中有两个双向传送带，用于转运零件，如图 2.1.12 所示。

3. 末端执行器快换工作台

在上下料机器人工作站中，当工业机器人在进行上下料时，需要更换 3 次末端执行器，这个操作需要在末端执行器快换工作台上完成，如图 2.1.13 所示。

图 2.1.12 双向传送带

图 2.1.13 末端执行器快换工作台

2.1.8 上下料机器人工作站的维保

为了保证上下料机器人工作站正常工作，要根据工作站的组成单元制定维保内容，做好日常检查及维护,如表 2.1.10 所示。

表 2.1.10 上下料机器人工作站维保内容

周期	检查与维保内容
日	检查传送机构是否有传送速度、噪声等故障，有无异常报警
	气体流量是否正常
	末端执行器是否能正常夹紧和关闭
	数控机床三爪卡盘是否能正常夹紧

续表

周期	检查与维保内容
日	润滑上下料机械手
	做好清洁工作
周	擦洗机器人各关节
	检查 TCP 的精度
	检查机器人各关节零件是否正确
	检查数控车床润滑油的油位
	检查机器人各轴的零点位置是否准确
	清理数控机床废料传送带的过滤网
	检查散热风扇，清洁控制器内部
月	润滑机器人各关节
	润滑数控机床导轨及给三爪卡盘加润滑油
	清洁散热风扇
	检查螺钉、螺母等紧固件的预紧情况，如有松动需立刻紧固
	检查电压、电流的变动，以及地线的有无，如有异常需停机检查
	检查密封圈完好情况，如发现密封圈破损应及时更换；发现脱落应及时复位
	检查电磁阀、气管接头、气缸等的使用状况，如有损坏，应及时进行更换

任务 2.2　数控机床故障诊断与维护

2.2.1　布置任务

1．学习任务描述

数控机床是目前使用较为广泛的数控设备之一。数控机床是按照事先编制好的加工程序，自动地对被加工零件进行加工。本次任务是以 i5 T3.3 数控车床为例展开介绍。

2．学习目标

（1）通过信息查询获得 i5 T3.3 数控车床的主要组成部分。

（2）根据数控机床手册等技术资料掌握 i5 T3.3 数控车床的基本操作。

（3）通过小组合作，完成 i5 T3.3 数控车床工作过程的认知。

（4）在老师指导下，按照数控机床技术手册，确定 i5 T3.3 数控车床的维护工作要点。

（5）在老师指导下，小组合作，完成 i5 T3.3 数控车床的日常维护任务。

（6）小组进行施工检查验收，总结 i5 T3.3 数控车床维护中的注意事项。

3．任务书

在上下料机器人工作站中，由两台 i5 T3.3 数控车床联合工作完成传动轴的数控加工，每天工作 16h。依据图 2.2.1 所示的上下料机器人工作站场景，确定 i5 T3.3 数控车床的日常维护工作内容。

图 2.2.1　上下料机器人工作站场景

2.2.2　任务实施

1．工作计划

各小组按照任务书要求和获取的相关技术手册，制定 i5 T3.3 数控车床日常维护的工作方案，并填写 i5 T3.3 数控车床日常维护工作流程（见表 2.2.1）和材料、工具、器件清单（见表 2.2.2）。

表 2.2.1　i5 T3.3 数控车床日常维护工作流程

步骤	工作内容	负责人

表 2.2.2　材料、工具、器件清单

序号	名称	型号和规格	单位	数量	备注

2. 工作实施

按以下步骤实施 i5 T3.3 数控车床的日常维护工作。

1）准备阶段

（1）i5 T3.3 数控车床系统断电，并在外部悬挂警示标志。

（2）查阅维护的相关技术资料，准备工具和劳动防护用品。

2）i5 T3.3 数控车床总体维护实施步骤

（1）检查 i5 T3.3 数控系统上电后是否报警。

（2）检查 i5 T3.3 数控车床主轴是否旋转正常。

（3）检查气体压力表和气路的密封性。

（4）检查 i5 T3.3 数控车床三爪卡盘是否能正常夹紧及舱门是否能正常打开。

（5）检查并清洗 i5 T3.3 数控车床废屑传送带的滤网。

（6）清洁、整理废屑料车。

（7）检查 i5 T3.3 数控车床换刀装置是否正常。

（8）检查 i5 T3.3 数控车床尾台是否能沿导轨实现快速前进和后退。

3. 检查验收

根据 i5 T3.3 数控车床的维护要求，按照验收标准对任务完成情况进行检查验收和评价。验收标准及评分表如表 2.2.3 所示，验收过程问题记录表如表 2.2.4 所示。

表 2.2.3　验收标准及评分表

序号	验收项目	验收标准	分值	教师评分	备注
1	安全规范	正确穿戴工作服、劳保鞋；发型、指甲等符合安全生产要求；工作过程中不佩戴首饰、钥匙、手表等；设备无损害	10		
2	i5 T3.3 数控车床三爪卡盘和舱门	夹具装夹工件稳定；舱门开关正常	20		
3	主轴系统	主轴能实现正转、反转和停转	30		
4	进给系统	在手动/自动模式下能沿导轨 X、Z 轴移动	10		
5	刀架系统	能在自动/手动模式下实现换刀	20		
6	尾台	能沿导轨实现快速前进和后退	10		
	合计		100		

表 2.2.4　验收过程问题记录表

序号	验收问题记录	整改措施	二次验收	备注

4. 评价反馈

小组介绍任务分工、工作过程并提交上述验收标准及评分表和验收过程问题记录表。按照表 2.2.5 所示的考核评价表，完成小组自评、组间互评及教师评价，折算后得出该小组的最终成绩。

表 2.2.5　考核评价表

评价项目	评价内容	分值	自评 20%	互评 20%	师评 60%	合计
职业素养（40 分）	安全意识、责任意识、服从意识	10				
	积极参加任务活动，按时完成工作任务	10				
	团队合作、交流沟通能力	10				
	劳动纪律	5				
	现场 6S 标准	5				
专业能力（60 分）	专业资料检索能力	10				
	制订计划能力	10				
	操作符合规范	15				
	工作效率	10				
	任务验收质量	15				
	合计	100				
创新能力（20 分）	创新性思维和行动	20				
	总计	120				
教师签名：		学生签名：				

2.2.3　数控机床故障诊断方法

该数控机床搭载自主知识产权的 i5 智能数控系统，采用 T3 平台结构，配置主轴单元、伺服电机驱动、排刀、X 轴和 Z 轴伺服驱动、直线导轨，整机采用全封闭式防护结构，确保整机具有高刚性的同时，具备良好的动态性能，结构可靠、操作方便。该数控机床适合加工各种盘类及短轴类零件，可以满足五金、照明、卫浴、汽车、轴承等行业对零件进行高效、大批量、高精度的加工要求。

数控机床的故障诊断可采用模块互换法、机电分离法、比较法、排除法和 PMC 在线诊断法。常用的机电分离法把机械部分和电气部分相对分离（脱开），再根据机电分离后的现象判断故障。PMC 在线诊断法是借助 PMC 状态监控功能，实时查看数控机床开关量所控制的辅助动作，如刀具更换、主轴起停、换向变速、冷却液通断及工作台转位等。

2.2.4　数控机床机械系统故障诊断与维护

由于数控机床采用了计算机控制技术，机械结构与普通机床相比大为简化，因此机械系统出现故障的机会大为减少。数控机床常见的机械故障主要有主轴、尾台、刀架、进给机构等故障。

1. 主轴结构故障诊断与维护

数控机床的主轴端部一般采用短圆锥法兰盘式结构。主轴的轴端主要用于安装夹具和刀具，要求夹具和刀具定位精度高、装卸方便，同时主轴的悬伸长度短。

1）卡盘润滑

使用润滑油枪，每日向卡盘的油嘴注油一次，注油后用风枪或类似的工具清洁卡盘体及底爪导轨面。通常情况下，选用二硫化钼润滑油为润滑油材质。图 2.2.2 所示为卡盘润滑。

2）卡盘防松

要定期（6 个月一次）清理带轮沟槽内的污物，检查卡盘停电防松功能（每周一次），用卡盘装夹工件，下电后检查是否松动，若松动则需紧固卡盘结构，可联系售后服务人员。

图 2.2.2　卡盘润滑

3）卡盘夹持力不足故障

故障消除方法：在调整三爪卡盘装夹工件时，如果出现卡盘夹不紧工件的情况，那么在确定各个卡爪已调整到位后，需要调整气压大小，调整夹紧力大小，但在试切过程中，要注意修改数控机床的切削参数，防止加工过程中工件振动、错位，甚至飞出。

4）转速不均匀故障

故障消除方法：在手动或自动情况下，转动主轴，若出现转速不稳定的情况，首先考虑皮带是否打滑，此时可以更换皮带、清理皮带沟槽或调整皮带张力。

5）工件表面加工粗糙故障

故障分析：卡盘外圆跳动过大，滑座或卡爪梳齿面接触不好，软爪制作得不好，软爪高度超高导致夹持变形，夹持力过大，工件变形，不同副的硬爪混装。

故障消除方法：需要进行重新安装，校正卡盘外圆及端面跳动，取下卡爪清理并锁紧卡盘，重新制作软爪并注意成形圈位置、油压大小及夹持弧的表面粗糙度。

2. 尾台故障诊断与维护

数控机床的尾台是在加工轴类零件时，使用其顶尖顶紧工件，保证加工的稳定性。尾台的运动包括尾台体的移动和尾台套筒的移动。

1）尾台润滑

通常 10 天一次，首先用润滑油枪从导轨润滑口注入钾基 2 号润滑油，然后使用尾台点动功能，全程来回运动尾台，使润滑油均匀分布。

2）尾台不动故障

故障消除方法：在进行尾台点动操作时，尾台未运动，此时需要检查电磁换向阀的阀头是否脱落，若脱落，则需要更换阀头；检查液压缸压力是否异常，若异常，则调整减压阀的示数；检查节流阀是否堵塞，若堵塞，则旋拧节流阀的调节按钮，放大流量。

3）尾台顶紧力不足故障

故障消除方法：此时需要调整压力控制阀的数值，并在调整过程中不断观察尾台顶紧状态。

3．刀架故障诊断与维护

刀架用于安装和夹持刀具，其本身是机床的重要组成部分。它的结构和使用性能直接影响机床的切削性能及切削效率。它能够在工件一次装夹中完成多个工步，缩短辅助动作时间，减少工件因多次安装引起的误差。

刀架的工作过程一般分为四步，即刀架转塔抬起、转塔旋转、刀位号判别和转塔定位锁紧。当数控系统接收到换刀指令后，首先通过PLC控制电动机使转塔抬起，然后带动转塔旋转，同时刀位编码器向系统发送刀位编码信号，由系统进行刀位判别，当指令刀位与实际刀位相符时，转塔停止转动，执行定位动作，电动机反转锁紧转塔，换刀过程结束。

1）日常维护

每日操作前，请将刀架擦拭干净；每日收工后，应将刀架上的铁屑清理干净；装夹刀具时，请勿用铁锤或重物敲击刀架；检查各定位机构是否安全、可靠。

2）刀架不能转位故障

故障分析：在手动或自动状态下，当刀架不能转位时，检查电磁阀的阀头是否接触不良或脱落，检查电磁换向阀是否损坏。

故障消除方法：紧固电磁阀阀头或更换电磁换向阀。

3）刀架与工件发生碰撞，无法换刀故障

故障分析：刀架在运转过程中，意外与工件发生碰撞，可能造成刀盘轻微转位，刀尖与工件轴心偏离，换刀过程出现卡顿，此时电动机会出现堵转使空气开关跳闸。

故障消除方法：需要拆下定位销后面的电磁铁，摘除定位销上面的弹簧，检查或更换定位销，同时对刀盘重新进行调整。

4）换刀后刀架锁不紧故障

故障分析：在手动或自动状态下实现换刀功能，若刀架晃动无法锁紧，则可能主轴与动齿盘连接松动。

故障消除方法：需要选择更换动齿盘和定位销或者重新安装紧固定位销和动齿盘的装配。

4．进给机构故障诊断与维护

数控机床的进给机构包括横向进给机构 X 轴和纵向进给机构 Z 轴，它们由伺服电机经万向节传动，驱动滚珠丝杠螺母副机构来实现刀架的运动，以保证刀具与工件的相对位置关系。被加工工件的轮廓精度和位置精度都直接受到进给运动的传动精度、灵敏度和稳定性的影响。

1）日常保养内容

清洗滚珠丝杠副、调整斜铁间隙。要求洁净无污、间隙适宜。

检查、清洁各传动机构及导轨和毛毡或刮屑器。要求洁净无污、无毛刺。

检查、清洁各坐标限位开关、减速开关、零位开关及机械保险机构。要求洁净无污、安全可靠。

2）进给轴超程报警故障

故障分析：在手动操作数控机床过程中，会出现超程报警，主要原因是进给运动超过由软件设定的软限位或由限位开关决定的硬限位。

故障消除方法：先把数控机床复位，然后反向运动进给轴即可。

3）进给轴爬行故障

故障分析：在手动或自动模式下，进行启动加速阶段或低速进给时，此故障通常是由进给传动链的润滑状态不良、伺服系统增益低和外加负载过大等造成的。维修时，重点关注伺服电机和滚珠丝杠连接用的万向节，由于连接松动或万向节本身的缺陷，如裂纹等，造成滚珠丝杠的转动和伺服电机的转动不同步，从而使进给运动忽快忽慢，产生爬行现象。

故障消除方法：添加润滑油；减小外加负载；紧固万向节。

4）滚珠丝杠在运转中转矩过大故障

故障分析：滑板配合压板过紧或研损；滚珠丝杠螺母的反向器坏，滚珠丝杠卡死或轴端螺母预紧力过大；丝杠磨损严重；伺服电机与滚珠丝杠连接不同轴；无润滑油等。

故障消除方法：先添加适量润滑油，然后进行丝杠各部件紧固、位置调整及部件更换。

5）各轴运动过程中噪声大故障

故障分析：一般为滚珠丝杠轴承损坏或压盖压合不好，万向节松动，润滑不良或滚珠丝杠副有破损。

故障消除方法：应先添加适量润滑油，紧固万向节，打开压盖查看滚珠丝杠轴承及滚珠丝杠副是否损坏，若损坏，则及时更换。

2.2.5　数控机床电气系统故障诊断与维护

数控机床电气控制系统的故障通常分为弱电故障和强电故障两大类。数控机床的弱电部分包括CNC、PLC、MDI/CRT及伺服驱动单元、I/O单元等。强电部分是指控制系统中的主回路或高压、大功率回路中的继电器、接触器、开关、熔断器、电源变压器、电动机、电磁铁、行程开关等电气元件及其所组成的控制电路。强电部分的故障虽然维修、诊断较为方便，但由于它处于高压、大电流工作状态，容易受到外界环境中冷却液、油液的浸泡及磨损、碰撞、鼠害等不利因素的影响。另外，操作人员的非正常操作、电气元件的寿命限制也使得这部分电路发生故障的概率要高于弱电部分。

1. 主轴伺服系统电气故障诊断与维护

1）故障1

数控机床在自动模式下，输入加工程序控制主轴旋转，但主轴并不转动。

故障分析：控制电路中电气元件损坏；CNC无速度给定信号输出；CNC正反转控制信

号丢失；主轴变频器故障；变频器输出端子 U、V、W 不能提供电源；主轴电动机故障等。

故障消除方法：查阅主轴控制的电路图，选用万用表对各电气元件进行电压检测排除；检测系统 CNC 输出速度给定信号至变频器 T4 号端子是否有 0～5V 信号；检查 PLC 端口 Q0.0/Q0.1 输出至变频器 T1～T2 号端子是否有信号；变频器是否有报警错误代码显示，若有报警，则对照相关说明书解决（主要有过流、过压、欠压及功率块故障等）；频率指定源和运行指定源的参数是否设置正确；更换电动机。

2）故障 2

在自动加工时，机床螺纹加工产生乱牙。

故障分析：主轴编码器与主轴驱动器之间的连接不良；主轴编码器故障；主轴驱动器与数控装置之间的位置反馈信号电缆连接不良；主轴编码器方向设置错误。

故障消除方法：查看主轴编码器与主轴驱动器的连接是否正常；先通过触摸显示屏显示主轴转速是否正常，再利用示波器检查 Z、-Z 信号，判断编码器零脉冲输出信号是否正确；更换编码器。

2. 进给伺服系统电气故障诊断与维护

1）故障 1

数控机床开机后，按下系统使能键，观察到屏幕上无报警。当检查数控机床时，以手动方式移动坐标轴，发现坐标值显示有变化，但实际工作台不运动，伺服电机不转。

故障分析：编码器反馈线路故障；驱动器给定信号丢失；驱动器电源不正常；驱动器无输出或驱动器坏等。

故障消除方法：检查驱动器上的 CN2 与编码器的接线状态；检查系统的输出信号；运用万用表检测驱动器供电电源；检查使能信号。

2）故障 2

伺服单元出现过电流报警。

故障分析：伺服驱动器的电路板与热开关连接不良；U、V、W 与地线连接错误，或它们之间存在短路；伺服驱动器故障；因负载转动惯量大且高速旋转，动态制动器停止，制动电路故障等。

故障消除方法：重新拔插伺服驱动器电路中的接线端；用万用表测量 U、V、W 供电电压；更换伺服驱动器。

3. 伺服刀架电气故障诊断与维护

1）故障 1

在手动模式下，转塔刀架换刀后不到位。

故障分析：数控装置未检测到刀架到位信号。

故障消除方法：检查反馈信号接线是否正确；检查输入点是否虚接；检查传感器是否正常工作；检查 PLC 参数是否匹配。

2）故障2

手动或自动模式下，刀架寻找刀具超时。

故障分析：在规定时间内未找到指定刀位号。

故障消除方法：检查反馈信号接线是否正确；检查输入点是否虚接；检查液压站是否正常工作；检查 PLC 参数是否匹配。

2.2.6　数控机床数控系统故障诊断与维护

数控系统是数控机床电气控制系统的核心。机床的数控系统在经过较长一段时间的使用后，某些元器件难免出现一些损坏或者故障。为了尽量延长元器件的使用寿命和零部件的磨损周期，预防各种故障特别是恶性事故的发生，就必须对数控系统进行日常的维护与保养。

数控系统的日常维护应包括以下几个方面。

（1）制定并且严格执行数控系统日常维护的规章制度。

（2）定期维护数控系统的 I/O 设备。

（3）定期检查和更换直流电动机的电刷。

（4）定时清理数控柜的散热通风系统，以防止数控装置过热。

（5）应尽量少开数控柜和强电柜的门。

（6）经常监视数控装置用的电网电压。

（7）定期检查和更换存储器用的电池。

（8）对备用印制电路板进行维护。

（9）对长期不用的数控系统进行维护。

扫一扫看数控车床的故障代码说明

数控系统的自诊断就是先向被诊断的部件或装置写入一串称为测试码的数据，然后观察系统相应的输出数据（称为校验码），再根据事先已知的测试码、校验码与故障的对应关系，确定故障原因。

1. 故障1

按下数控机床的起动按钮后，显示器无显示，数控装置无任何输出。

故障分析：数控装置供电电源不正常；开关电源没有交流电供电。

故障消除方法：查阅电路图，在各自动空气开关接通情况下，开关电源的 24V 直流电压经过继电器的动合触点给数控装置供电，检查这两个器件是否正常；常用万用表判定开关电源是否存在故障；测量继电器触点的 L+端和开关电源 M 之间是否有 24V 电压输出。

2. 故障2

在回参考点时出现参考点位置不稳定、定位精度差的现象。

故障分析：编码器零位脉冲不良或回参考点速度太低；参考点减速速度、位置环增益设置不正确；“零脉冲”信号不良；编码器连接电缆断开。

故障消除方法：用示波器检测零位脉冲信号；检查回参考点速度和位置增益的设置；参考点减速开关所使用的电源必须平稳，不允许有大的脉动，编码器反馈电缆必须可靠连接。

任务 2.3　上下料机器人故障诊断与维护

2.3.1　布置任务

1. 学习任务描述

新兴工业时代，上下料机器人因为能满足“快速大批量加工节拍”“节省人力成本”“提高生产效率”等要求，所以成为越来越多工厂的理想选择。上下料机器人系统具有高效率和高稳定性，结构简单，更易于维护，可以满足不同种类产品的生产。对用户来说，该系统可以快速进行产品结构的调整和扩大产能，并且可以大大降低产业工人的劳动强度。

2. 学习目标

（1）通过信息查询获得 ABB IRB 1600 工业机器人的主要组成部分。

（2）根据机器人手册等技术资料掌握 ABB IRB 1600 工业机器人的基本操作。

（3）通过小组合作，完成 ABB IRB 1600 工业机器人上、下料工作过程的认知。

（4）在老师指导下，按照工作站技术手册，确定 ABB IRB 1600 工业机器人维护工作要点。

（5）在老师指导下，小组合作，完成 ABB IRB 1600 工业机器人的日常维护任务。

（6）小组进行施工检查验收，归纳总结 ABB IRB 1600 工业机器人维护过程中的注意事项。

3. 任务书

在上下料机器人工作站中，由两台数控机床完成传动轴的数控加工，每天工作 16h。依据图 2.2.1 所示的上下料机器人工作站场景，确定 ABB IRB 1600 工业机器人的日常维护任务。

2.3.2　任务实施

1. 工作计划

各小组按照任务书要求和获取的相关技术手册，制定 ABB IRB 1600 工业机器人日常维护的工作方案，并填写 ABB IRB 1600 工业机器人日常维护工作流程（见表 2.3.1）和材料、工具、器件清单（见表 2.3.2）。

表 2.3.1　ABB IRB 1600 工业机器人日常维护工作流程

步骤	工作内容	负责人

表 2.3.2　材料、工具、器件清单

序号	名称	型号和规格	单位	数量	备注

2. 工作实施

按以下步骤实施工业机器人的日常维护工作。

1）准备阶段

（1）工业机器人系统断电，并在外部悬挂警示标志。

（2）查阅维护的相关技术资料，准备工具和劳动防护用品。

2）工业机器人维护实施步骤

（1）检查控制系统上电后是否报警。

（2）检查工业机器人关节是否旋转正常。

（3）检查气体压力表和气路密封性是否完好。

（4）检查末端执行器是否能正常夹紧和打开。

（5）检查并清洗末端执行器的快换装置。

3. 检查验收

根据任务工单及小组工作情况，按照验收标准对任务完成情况进行检查验收和评价，并填写验收标准及评分表（见表 2.3.3）和验收过程问题记录表（见表 2.3.4）。

表 2.3.3　验收标准及评分表

序号	验收项目	验收标准	分值	教师评分	备注
1	安全规范	正确穿戴工作服、劳保鞋；发型、指甲等符合安全生产要求；工作过程中不佩戴首饰、钥匙、手表等；设备无损害	10		
2	机械系统	工业机器人各关节能正常转动及定位	20		
3	电气系统	各电源接口接线正确并牢固	30		
4	末端执行器	能实现正常的更换及抓取物体	10		
5	控制系统	各功能按键正常，I/O 模块接线正确及牢固	20		
6	气动系统	气源稳定，气动三联件无故障，能控制组件开合	10		
	合计		100		

表 2.3.4 验收过程问题记录表

序号	验收问题记录	整改措施	完成时间	备注

4．评价反馈

小组介绍任务分工、工作过程并提交上述验收标准及评分表和验收过程问题记录表。按照表 2.3.5 所示的考核评价表，完成小组自评、组间互评及教师评价，折算后得出该小组的最终成绩。

表 2.3.5 考核评价表

评价项目	评价内容	分值	自评 20%	互评 20%	师评 60%	合计
职业素养（40 分）	安全意识、责任意识、服从意识	10				
	积极参加任务活动，按时完成工作任务	10				
	团队合作、交流沟通能力	10				
	劳动纪律	5				
	现场 6S 标准	5				
专业能力（60 分）	专业资料检索能力	10				
	制订计划能力	10				
	操作符合规范	15				
	工作效率	10				
	任务验收质量	15				
	合计	100				
创新能力（20 分）	创新性思维和行动	20				
	总计	120				
教师签名：			学生签名：			

2.3.3 上下料机器人故障分析与维护

随着中国智能制造利好政策的出台，制造业正在快速智能化改造升级，而工业机器人作为智能制造领域中最具代表性的设备之一，其需求量正在日益增长。2015—2020 年中国市场工业机器人保有量大幅度上升，预计到 2025 年中国工业机器人保有量能达到 150 万台。随着工业机器人保有量的不断增加，注重工业机器人设备维护显得更加重要。此任务以 ABB IRB 1600 机器人为例进行介绍。

扫一扫看工业机器人故障诊断步骤

1. 工业机器人本体故障诊断与维护

机器人本体即机械部分，又叫操作机，包括机体结构和机械传动系统，也是机器人的支承基础和执行机构。机器人本体的基本结构由五部分组成：传动部件、机身及行走机构、臂部、腕部、手部。

机器人本体结构的特点如下：机器人本体可以简化成各连接杆首尾相连、末端开放的一个开式运动链，机器人本体的结构刚度差，并随空间位置的变化而变化；机器人本体的每个连接杆都具有独立的驱动器，连接杆运动各自独立，运动更为灵活；一般连接杆机构有1～2个原动件，各连接杆间的运动是相互约束的；连接杆驱动扭矩变化复杂，和执行件位置相关。

扫一扫看机器人本体清洁示范视频

1）本体清洁和常规检查

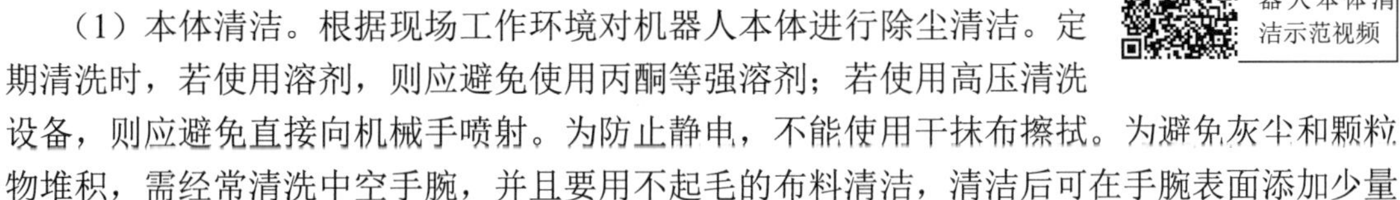

（1）本体清洁。根据现场工作环境对机器人本体进行除尘清洁。定期清洗时，若使用溶剂，则应避免使用丙酮等强溶剂；若使用高压清洗设备，则应避免直接向机械手喷射。为防止静电，不能使用干抹布擦拭。为避免灰尘和颗粒物堆积，需经常清洗中空手腕，并且要用不起毛的布料清洁，清洁后可在手腕表面添加少量凡士林，方便后续清洗。

（2）常规检查。查看本体及工具是否固定良好。检查各轴限位挡块，检查机器人信号电缆、动力电缆、用户电缆、本体电缆的使用状况与磨损情况。检查本体齿轮箱、手腕等是否有漏油、渗油现象，并润滑锥齿轮和齿轮传动副。检查并更换各轴的齿轮及齿轮油。以轴1为例，检查变速箱的油位，轴1的变速箱位于骨架和基座之间，应保证最低油位：离油塞孔不超过10mm。轴制动测试，1次/天，先运行机械手轴至相应位置，使该位置机械手臂总重及所有负载量达到最大值（最大静态负载），然后将马达断电，最后检查所有轴是否维持在原位。若马达断电时机械手仍没有改变位置，则制动力矩足够。此外，还可移动机械手，检查是否需要进一步实施保护措施。当移动工业机器人紧急停止时，制动器会帮助停止，因此可能产生磨损。所以，在机器使用寿命期间需要反复测试，以检验机器是否维持着原来的能力。

2）传动系统故障诊断与维护

（1）故障点：减速器漏油。

故障分析：在封闭减速器箱体内，每对齿轮啮合产生的摩擦会发出热量，并随着工作时间的增长，使减速器箱体内的温度升高，而减速器箱体内体积不变，故箱体内压力随之增大，润滑油会飞溅到箱体内壁，并在密封不良处渗出，从而出现漏油现象；减速器内的润滑油过多、毡垫和胶圈损坏或老化、密封失效、减速器的回油槽堵塞、油封失效、注油孔盖变形、减速器呼吸阀堵塞使减速器内压力过大而漏油；等等。

故障排除方法：密封圈压盖采用易拆卸、开口式结构；对减速器壳体进行时效处理，避免沿合箱面处漏油；箱体内油面应当在油面检视孔的1/3～2/3处；油封失效时更换油封，油封在运转一段时间后应在二级保养时更换及拆洗、清理呼吸阀等；在视孔盖处和放油孔处加装密封垫，且拧紧螺栓。

（2）故障点：减速器振动大、有噪声、有异响。

故障分析：减速器由于长期工作可能会出现耦合器损坏，电动机螺丝松动，轴承磨损严重或间隙调整不当，齿轮损坏，电动机载荷不平衡，润滑油杂质多、变质等现象，这必定会导致减速器振动大、有噪声、有异响，使其工作状态不正常，影响正常生产与运行。

故障排除方法：及时维修损坏的耦合器；紧固地脚螺栓和电动机松动螺钉；更换损坏零部件；调整轴承间隙；调整平衡状态；更换润滑油。

2. 机器人附加轴故障诊断与维护

工业机器人可增加外部附加轴，如配套移动导轨可以让机器人移动一定的距离从而增加其活动区域，如图 2.3.1 所示。作为一种行走系统，机器人行走轴主要由固定底座、动力机构、动力传递机构、导向机构、机器人安装滑台、防护机构、限位机构及其行走附件等构成，适配于各大品牌机器人，满足不同应用场景的需求。

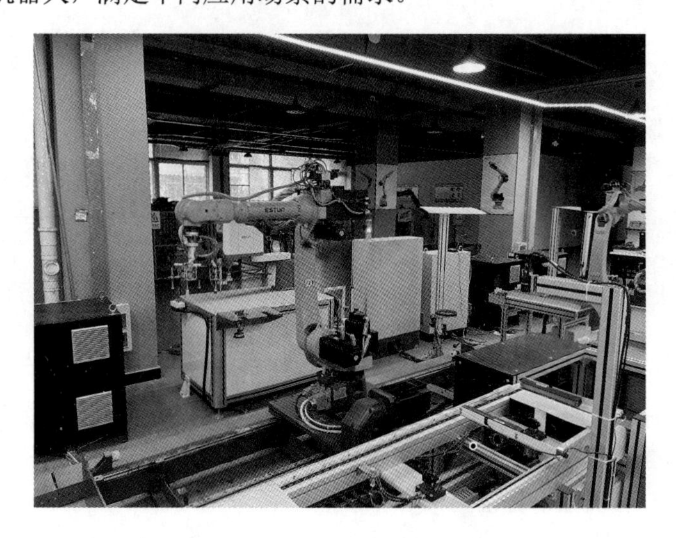

图 2.3.1　工业机器人附加轴（第七轴）

1）工业机器人附加轴保养

根据保养周期和设备运转需要，进行相关维保工作。表 2.3.6 所示为机器人附加轴的保养内容及注意事项。

表 2.3.6　机器人附加轴的保养内容及注意事项

保养周期	保养内容及注意事项
日	对机械部位进行清扫，并且目测检查各组件有无损坏、有无振动、有无异响，滑块运行是否顺畅，齿轮运行是否平稳，定位精度有无变化，重复位置有无偏差
月	查看电缆有无异常状况，各连接电缆插头是否松动
	检查连接件，看看各个连接件有无松动、不稳固的现象
	检查齿条、齿轮状况，齿条、齿轮表面应覆盖润滑油层且无污迹及异物
	检查导轨状态，导轨表面是否无油、无污迹及异物
	检查导轨滑块运转状况，滑块移动时滚珠是否有异常声响

续表

保养周期	保养内容及注意事项
季度	检查齿条润滑油，全行程要涂抹指定的润滑油
	检查导轨轴承部位润滑油是否充足，不足要及时添加，使之保持最佳状态
	检查机器人附加轴固定螺钉是否松动
	检查拖链接头螺钉是否松动
半年	齿条螺钉、导轨螺钉及减速器底座紧固螺钉是否松动

2）工业机器人附加轴故障诊断

（1）故障点：附加轴导轨擦伤。

故障分析：机床经长时间使用，地基与床身水平度有变化，使导轨局部单位面积负荷过大；导轨润滑不良；导轨材质不佳。

故障消除方法：定期调整床身导轨的水平度或修复导轨精度；调整导轨润滑油的量，保证润滑油压力正常。

（2）故障点：在导轨上工业机器人运动不良或不能移动。

故障分析：导轨面擦伤；导轨压板擦伤；导轨镶条与导轨的间隙太小，调得太紧。

故障消除方法：用 180#砂布修磨机床与导轨上的擦伤；卸下压板，调整压板与导轨的间隙；松开镶条防松螺钉，调整镶条螺栓，使运动部件运动灵活，保证 0.03mm 的塞尺不得塞入，然后锁紧镶条防松螺钉。

（3）故障点：工业机器人起动后，手动按下点动方向键，工业机器人原地抖动，无法移动。

故障分析：伺服驱动器参数调整有误；驱动器硬件接线有误。

故障消除方法：调整伺服驱动器参数；检查电动机动力电缆和伺服驱动器功率模块 U、V、W 端子的连接。

2.3.4　机器人末端执行器故障诊断与维护

工业机器人是一种通用性较强的自动化作业设备，末端执行器则是直接执行作业任务的装置，大多数末端执行器的结构和尺寸都是根据其不同的作业要求来设计的，从而形成了多种多样的结构形式。通常，根据其用途和结构的不同可以分为机械式夹持器、吸附式末端执行器和专用的工具（如焊枪、喷嘴、电磨头等）三类。上下料机器人工作站采用机械式夹持器。机械式夹持器通常也称为夹钳式取料手，是工业机器人较常用的一种末端执行器形式，在装配流水线上用得较为广泛。它一般由手指（手爪）驱动机构、传动机构、连接与支承元件组成，工作原理类似于常用的手钳，可以利用手爪的开闭动作实现对物体的夹持。

1）机器人末端执行器的保养

末端执行器保养分为日常保养和月度保养，其保养内容及注意事项如表 2.3.7 所示。

表 2.3.7　末端执行器的保养内容及注意事项

保养周期	保养内容及注意事项
日	检查气管、气缸是否有漏气现象
	检查缓冲垫是否有松脱现象
	对各运行部位加润滑油
	清洁表面的灰尘及异物
	定期检查传感器是否正常
	检查各部件的螺钉是否松动，若松动，则加以紧固
月	检查同步带松紧度是否恰当
	清洗过滤减压阀、消音器
	检查所有运动部位的螺栓有无锁紧
	确定管线有无破裂或电线连接是否松脱
	擦拭末端执行器上的灰尘、油
	擦拭末端执行器快换装置的滑轨、滑块油迹灰尘，添加新的润滑油
	检查电控箱内部，清扫灰尘。检查接线端子、继电器插头、电路板上的电子元件是否有松脱

2）机器人末端执行器的故障诊断与维修

（1）故障描述：工业机器人末端执行器的手爪不开合。

故障分析：无气源；电磁阀异常；控制线路断线。

故障消除方法：确定气源；手动按压电磁阀，控制末端执行器手爪的开合；用万用表检查控制电路。

（2）故障描述：工业机器人末端执行器的手爪掉工件。

故障分析：确认气源压力是否在要求范围内（压力必须不能小于 5MPa）；气动管路是否有漏气现象；检查电磁阀控制线是否连接完好。

故障消除方法：调整调节阀控制气源压力；更换气动管路；用万用表检查控制电路。

任务 2.4　基于 PLC 主控系统故障诊断与维护

2.4.1　布置任务

1. 学习任务描述

随着工业生产自动化的快速发展，PLC 作为一种专门应用于工业环境的自动化设备不但在工业控制领域占据主导地位，而且在控制规模、控制能力及产品配套等方面逐步提高和完善。目前，大量的工业生产过程中都采用 PLC 对模拟量进行控制，PLC 具有专门的模拟量处理和 PID 数据运算等功能，因此在过程控制系统中的应用日益广泛。融入多种先进技术，综合化、网络化、远程化的 PLC 模拟控制系统是工业过程控制领域的重要发展方向。

2. 学习目标

（1）通过信息查询获得西门子 PLC S7-1200 的主要组成。
（2）根据西门子 PLC S7-1200 手册等技术资料掌握 PLC 的基本操作。
（3）通过小组合作，完成 PLC 主控程序的编制。
（4）在老师指导下，按照工作站技术手册，确定 PLC 主控系统的维护工作要点。
（5）在老师指导下，小组合作，完成 PLC 主控系统的日常维护任务。
（6）小组进行施工检查验收，归纳总结 PLC 主控系统维护过程中的注意事项。

3. 任务书

在上下料机器人工作站中，由两台数控机床完成传动轴的数控加工，每天工作 16h。请依据图 2.2.1 所示的上下料机器人工作站场景，完成 PLC 主控系统的日常维护任务。

2.4.2 任务实施

1. 工作计划

各小组按照任务书要求和获取的相关技术手册，制定 PLC 主控系统日常维护的工作方案，并填写 PLC 主控系统日常维保工作流程（见表 2.4.1）和材料、工具、器件计划清单（见表 2.4.2）。

表 2.4.1 PLC 主控系统日常维护工作流程

步骤	工作内容	负责人

表 2.4.2 材料、工具、器件计划清单

序号	名称	型号和规格	单位	数量	备注

2．工作实施

按以下步骤实施西门子 PLC S7-1200 的日常维护工作。

1）准备阶段

（1）工业机器人系统断电，并在外部悬挂警示标志。

（2）查阅维护的相关技术资料，准备工具和劳动防护用品。

2）西门子 PLC S7-1200 维护实施步骤

（1）把 PLC 的前面板上的方式选择开关从“运行”转到“停”位置。

（2）关闭 PLC 供电的总电源，然后关闭其他给模板供电的电源。

（3）将 PLC 及相关的模块依次拆下，进行吹扫、清扫。

（4）按顺序依次安装到位。

（5）检查 PLC 和 PLC 控制柜中接线端子的连接情况。

3．检查验收

根据任务工单及小组工作情况，按照验收标准对任务完成情况进行检查验收和评价，并填写验收标准及评分表（见表 2.4.3）和验收过程问题记录表（见表 2.4.4）。

表 2.4.3　验收标准及评分表

序号	验收项目	验收标准	分值	教师评分	备注
1	安全规范	正确穿戴工作服、劳保鞋；发型、指甲等符合安全生产要求；工作过程中不佩戴首饰、钥匙、手表等；设备无损害	10		
2	输入单元	各按钮开关、传感器信号正常	20		
3	输出单元	各输出线圈、故障灯正常	30		
4	运行程序	保证上下料机器人工作站能正常运行	10		
5	电源模块	电源供电稳定，抗干扰能力强	20		
6	CPU 模块	线路无老化、触点无氧化	10		
	合计		100		

表 2.4.4　验收过程问题记录表

序号	验收问题记录	整改措施	二次验收	备注

4. 评价反馈

小组介绍任务分工、工作过程并提交上述验收标准及评分表和验收过程问题记录表。按照表 2.4.5 所示的考核评价表，完成小组自评、组间互评及教师评价，折算后得出该小组的最终成绩。

表 2.4.5 考核评价表

评价项目	评价内容	分值	自评 20%	互评 20%	师评 60%	合计
职业素养（40 分）	安全意识、责任意识、服从意识	10				
	积极参加任务活动，按时完成工作任务	10				
	团队合作、交流沟通能力	10				
	劳动纪律	5				
	现场 6S 标准	5				
专业能力（60 分）	专业资料检索能力	10				
	制订计划能力	10				
	操作符合规范	15				
	工作效率	10				
	任务验收质量	15				
	合计	100				
创新能力（20 分）	创新性思维和行动	20				
	总计	120				
教师签名：			学生签名：			

2.4.3 基于 PLC 主控系统故障诊断意义

PLC 技术已广泛应用于各控制领域，尤其是在工业生产过程控制中，它具有其他控制器无法比拟的优点，如可靠性高、抗干扰能力强，在恶劣的生产环境中仍然可以十分正常地工作。随着 PLC 的不断更新，其性能要求也在不断提高。面对新要求，PLC 主控系统的故障诊断技术也需要不断完善，尤其在面对新设备时，准确判断故障并进行有效的控制对工业生产活动有着重要意义。

2.4.4 PLC 主控系统组成

PLC 的结构基本相同，主要由 CPU、输入（Input）模块、输出（Output）模块、电源模块、储存器、通信模块和编程软件组成。微处理器（CPU）由运算逻辑部件和控制部件组成。CPU 主要是通过地址总线、数据总线、控制总线与储存单元、I/O 接口、通信接口、扩展接口相连的。存储器包括系统存储器和用户存储器两种。系统存储器用于存放 PLC 的系统程序，用户存储器用于存放 PLC 的用户程序。I/O 单元中的输入模块包括了数字量输入模块和模拟量输入模块，并且连接了相应的输入通道。输出模块由端口和通道组成，CPU 传输的信号通过输出通道至数字量输出端口可以驱动交直流接触器、电磁阀、电磁铁、各种数字显示设备和声光电报警设备等。模拟量输出端口可以对电动调节阀、变频器等执行器进行控制。扩展通信接口是将扩展单元和功能模块与基本单元相连，使配置变得更加灵活，以此来满足相应的需求；通信接口的功能是 PLC 通过这些通信接口和监视器、打印机、其他 PLC 或者

计算机相连，实现“人-机”或“机-机”之间的对话。PLC 一般使用 AC 220V 电源或 DC 24V 电源。电源模块为其他模块提供各种电压水平的直流电。一般小型的 PLC 可以为输入端及外部的一些传感器提供 DC 24V 电源，而 PLC 的负载电源则是由用户来提供的，而不是由 PLC 来提供的。

2.4.5 PLC 电气系统故障诊断与维护

1. 电源故障

PLC 最容易发生故障的地方一般在电源系统和系统总线。电源在连续工作过程中，电压和电流的波动冲击是不可避免的。PLC 的电源输入端前应加隔离变压器，在某些场合，可采用同时加隔离变压器和低通滤波器的方法，抑制来自电网的干扰与冲击。变压器二次连接线应采用双绞线，同时加装降温措施，并定期除尘。

系统总线损坏主要出现在模块式 PLC 上。模块式 PLC 多为插件结构，因为经常被插拔，所以会造成局部印制电路板或底板、连接器接口等处的总线损坏。在环境温度、湿度的影响下，线路老化，触点氧化等，这都是系统总线损坏的原因。所以，在系统设计和处理系统故障时，要考虑到空气、尘埃、腐蚀等因素对设备的破坏。

外界环境干扰也是造成 PLC 系统故障的重要原因，因此电源、传感器、仪表等布线应尽量与动力电缆分开敷设，特别要远离高干扰的变频器输出电缆，并将 PLC 规范接地。如果硬件上不可以抑制干扰，也可以借助软件编程，如利用 PLC 软元件里的定时器、计数器、辅助继电器等。

2. CPU 故障诊断

CPU 故障的主要表现是 CPU 单元停机或者 RUN_LED 灯不亮。这种现象是由以下几个原因造成的：一是噪声干扰，电源异常无法正常工作；二是 CPU 控制程序出现错误或者丢失；三是 CPU 内部总线上的电气元件出现故障或者总线线路出现故障；四是微处理器故障。

针对 CPU 故障的处理，首先要根据 PLC 控制的实际情况来分析故障原因。如果是噪声干扰造成的故障，则需要重启 CPU 或者重新上电。如果控制程序出现了错误，就要及时修改或者重新装载程序。当内部总线出现问题时，处理措施一般是更换故障单元或者重新布置线路。微处理器故障是核心故障，出现这种故障需要更换 CPU。

3. 外围电路元器件故障诊断

通常情况下，PLC 控制系统使用一段时间之后，出现外围电路元器件故障的频率会增加。当 PLC 控制回路中出现元器件损坏故障后，整个控制系统会因此自动停止工作。PLC 的开关量输出有继电器输出、晶闸管输出、晶体管输出三种形式，如果选择不当就会导致系统的可靠性降低，严重时将使系统无法正常工作，因此应根据负载要求选择开关量输出的形式，这样才能保证系统正常运行。PLC 的输入电路是系统接收开关量、模拟量等输入信号的端口，若元器件的质量达不到系统所需要的标准，则控制系统的故障率会偏高。

外接继电器、接触器、电磁阀等执行元件也是要注意的地方。这些执行元件的质量是否合格，也会影响整个控制系统的运行。常见的故障有线圈短路、导致触点不动或者接触不良的机械故障等。此外，PLC 的输出端子带负载能力是有限的，一旦其负载超过上限，便会发生外围电路元器件故障，只能通过外接继电器或接触器等方式保障其继续工作。

4．PLC 电气系统维护

PLC 的日常维护主要是更换保险丝和锂电池，基本没有其他易损元器件。由于存放用户程序的随机存储器（RAM）、计数器和具有保持功能的辅助继电器等均使用锂电池，而锂电池的寿命大约为 5 年，所以当锂电池的电压逐渐降低到一定程度时，PLC 基本单元上的电池电压指示灯亮，提示用户由锂电池支持的程序还可保留一周左右，必须更换电池。

更换锂电池的步骤如下：①在拆装前，应先让 PLC 通电 15s 以上（这样可使作为存储器备用电源的电容器充电。在锂电池断开后，该电容可对 PLC 做短暂供电，以保护 RAM 中的信息不丢失）；②断开 PLC 的交流电源；③打开基本单元的电池盖板；④取下旧电池，装上新电池；⑤盖上电池盖板。注意：更换电池的时间要尽量短，一般不允许超过 3min。如果时间过长，RAM 中的程序将会消失。此外，应注意更换保险丝时要采用指定型号的产品。

若需替换一个 I/O 模块，用户应确认被安装的模块是同类型的。有些 I/O 系统允许带电更换模块，而有些则需要切断电源。如果替换后可解决问题，但在一段相对较短时间后又发生故障，那么用户应检查能产生电压的感性负载，也许需要从外部抑制其电流尖峰。如果保险丝在更换后易被烧断，那么有可能是模块的输出电流超限，或输出设备被短路。

2.4.6　PLC 软件编程故障诊断与维护

软件编程故障是由软件本身所包含的错误引起的，主要是软件设计考虑不周，在调试中一旦条件满足就会触发。在系统总故障中，只有 5%的故障发生在 PLC 中，这说明 PLC 本身的可靠性远远高于外部设备的可靠性。

1．根据被控对象动作流程进行故障诊断与维护

PLC 与上下料机器人工作站中的不同设备结合起来，能有效提高上下料生产控制自动化程度，进而根据生产情况，及时调整运行条件。通过西门子 PLC S7-1200 软件编程能对整个上下料生产线进行控制，当设备出现运作故障时，工作人员可结合设计图纸和设备硬件情况确定故障原因，之后从故障部位入手，有序开展维护工作。具体来说，PLC 对上下料生产线的控制，是通过对执行元件的控制来完成的，表明可根据上下料生产的动作顺序确定编程指令的错误之处，简化了设备的维护操作，这是 PLC 系统可靠运行的关键。

2．根据 I/O 端口的工作状态诊断与维护

技术人员在编程调试过程中，通过执行全面的监测计划及时掌握并处理 I/O 状态，保证上下料机器人工作站的正常进行，为系统正常工作提供必要的信息支持。PLC 内的 I/O 接口起到通信连接的作用，当编程发生故障时，要做好 I/O 故障排查，从而判断信号的接收和输出系统是否存在故障，制定维修和后续处理方案。

3．根据 PLC 梯形图诊断与维护

在上下料机器人工作站系统运行中，需要充分利用梯形图在故障检修上的作用。当上下

料机器人工作站出现故障时，工作人员结合梯形图对系统故障进行分析，由此确定具体的故障地点，为制定系统维护方案提供依据。只有在及时解决电气系统故障的情况下，才能发挥系统运行的价值，进而减少工业生产中人力资源的使用。随着 PLC 系统功能的增多，在其运行中会受到多种因素的影响，因此要求技术人员充分掌握各种故障排查及检修技术，确保系统正常运行。

4．根据 PLC 报警信号诊断与维护

PLC 控制系统具有自我诊断功能，当编写软件程序并检测到上下料机器人工作站出现故障时，将显示报警信息，这可以帮助调试人员及时掌握故障位置，进而采取相应的故障解决措施。在实际进行上下料机器人工作站故障维护时，需要具体分析故障信号，结合上下料控制系统运行的实际情况确定软件编程的错误之处，并及时进行调整。

项目小结

本项目以上下料机器人工作站为例，重点从机械、电气及数控系统三方面阐述数控机床的故障诊断与维护；从本体、附加轴及末端执行器三方面进行阐述 ABB 工业机器人的故障诊断与维护；要求学生掌握上下料机器人工作站的软件及硬件组成、工作流程，掌握各组成部分之间通过 PLC 组态方式建立联系的方法，掌握上下料机器人工作站常用的维护方法。

练习题 2

1．上下料机器人工作站主要由________、________、________、________、________等组成。

2．机器人上下料系统的优越性是（　　）。

A．高效率　　B．高柔性　　C．高质量　　D．以上都是

3．若数控机床出现 EPL0141 报警，请描述故障现象并列出解决方案。

4．当工业机器人末端执行器抓取工件时，与工作台发生碰撞，且不能移动，该如何解决呢？

5．如何根据 PLC 的 I/O 端口的工作状态进行故障诊断与维护。

项目 3 搬运码垛机器人工作站故障诊断与维护

扫一扫看本项目习题库及参考答案

扫一扫看发那科机器人技术文档

任务 3.1 工作站系统认知

3.1.1 布置任务

1．学习任务描述

搬运码垛机器人工作站是由机器人完成工件的搬运，将输送线输送出来的物料搬运到指定区域，并进行码垛。搬运码垛机器人是指可以进行自动化搬运码垛作业的工业机器人。

2．学习目标

（1）通过信息查询了解搬运码垛机器人工作站的主要组成部分。

（2）根据发那科（FANUC）机器人手册等技术资料掌握常用搬运码垛机器人的工作流程。

（3）通过小组合作，完成搬运码垛机器人工作站的系统认知。

3．任务书

在某搬运码垛机器人工作站中，由一台 FANUC 六关节工业机器人完成包装箱的码垛。图 3.1.1 所示为搬运码垛机器人工作站场景。

图 3.1.1 搬运码垛机器人工作站场景

3.1.2 任务实施

1. 工作计划

各小组按照任务书要求和获取的相关技术手册，制定搬运码垛机器人工作站系统认知方案，包括部件、材料、查阅手册等工作内容和步骤，并填写表 3.1.1 所示的搬运码垛机器人工作站系统认知工作流程。

表 3.1.1 搬运码垛机器人工作站系统认知工作流程

步骤	工作内容	负责人

2. 工作实施

按以下步骤实施搬运码垛机器人工作站的日常维护工作，准备阶段的工作可参照项目 2 的相关部分来实施，注意遵守实训室规章制度，做到安全用电，做好劳动保护。

（1）观察工业机器人的铭牌，了解机器人型号，检索并获取机器人相关技术资料。

（2）观察搬运码垛机器人工作站的电气控制柜，并找到控制单元。

（3）观察机器人末端执行器。

（4）了解搬运码垛机器人工作站的气动系统。

（5）观察传送带和所安装的传感器。

（6）开机，观察搬运码垛机器人工作站的运行情况。

3．检查验收

根据任务工单和系统认知工作情况，按照验收标准对任务完成情况进行检查验收和评价，并填写验收标准及评分表（见表3.1.2）和验收过程问题记录表（见表3.1.3）。

表3.1.2 验收标准及评分表

序号	验收项目	验收标准	分值	教师评分	备注
1	安全规范	正确穿戴工作服、劳保鞋；发型、指甲等符合安全生产要求；工作过程中不佩戴首饰、钥匙、手表等；设备无损害	20		
2	工业机器人	准确阐述机器人铭牌含义，操作规范	20		
3	控制系统	控制系统正常工作无报警	20		
4	传送带	表面整洁，运转流畅	20		
5	末端执行器	结构组成表述清楚	10		
6	工艺流程	工作步骤准确、规范	10		
	合计		100		

表3.1.3 验收过程问题记录表

序号	验收问题记录	整改措施	完成时间	备注

4．小提示

所谓码垛，只要对几个具有代表性的点进行示教，即可按照从下层到上层的顺序堆上工件。

（1）通过对堆上点的代表点进行示教，即可简单创建堆上式样。

（2）通过对路经点（接近点、目标点）进行示教，即可创建线路点。

（3）通过设定多个线路点，即可进行多种多样的码垛堆积。

5．评价反馈

小组介绍任务分工、工作过程并提交上述验收标准及评分表和验收过程问题记录表。按照表3.1.4所示的考核评价表，完成小组自评、组间互评及教师评价，折算后得出该小组的最终成绩。

表3.1.4 考核评价表

评价项目	评价内容	分值	自评20%	互评20%	师评60%	合计
职业素养（40分）	安全意识、责任意识、服从意识	10				
	积极参加任务活动，按时完成工作任务	10				
	团队合作、交流沟通能力	10				

续表

评价项目	评价内容	分值	自评 20%	互评 20%	师评 60%	合计
职业素养（40 分）	劳动纪律	5				
	现场 6S 标准	5				
专业能力（60 分）	专业资料检索能力	10				
	制订计划能力	10				
	操作符合规范	15				
	工作效率	10				
	任务验收质量	15				
	合计	100				
创新能力（20 分）	创新性思维和行动	20				
	总计	120				
教师签名：	学生签名：					

3.1.3 搬运码垛机器人工作站

搬运码垛机器人工作站由机器人系统、电气控制柜、输送线、码垛区域、人机交互系统等组成。搬运码垛机器人对精度要求相对低一些，但是负载较大，运动速度较高。随着工厂自动化程度的不断提高和生产节奏的加快，搬运码垛机器人的应用越来越多，如一些高精尖产品的加工和装配，需要搬运码垛机器人的参与，搬运工件的方式也主要采取抓取和吸取两种方式，并采用相应的气动元件配合操作。常见的搬运码垛机器人工作站如图 3.1.2 所示。

图 3.1.2 常见的搬运码垛机器人工作站

1. 搬运码垛机器人

搬运码垛机器人选用的是 FANUC 工业机器人，型号为 M-710ic/50，如图 3.1.3 所示，其可搬运质量为 50kg，具有动作范围广和手腕负载容量大的特点。

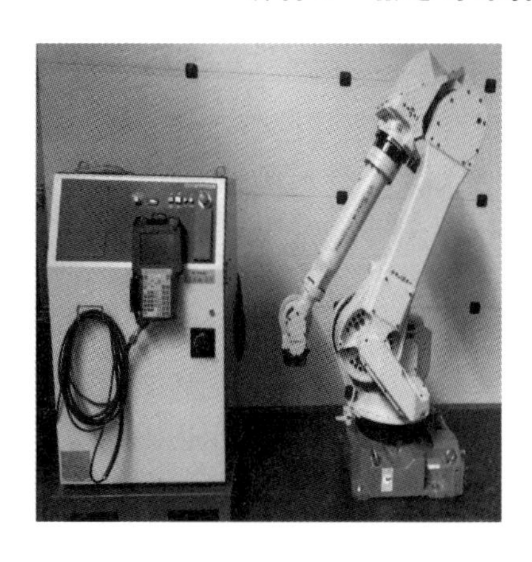

图 3.1.3 M-710ic/50 搬运码垛机器人

2. 电气控制柜

搬运码垛机器人工作站的控制柜分为工业机器人控制柜和普通电气控制柜，工业机器人控制柜用于主板、6 个轴伺服放大器、电源模块、热交换器、急停按钮等电气元件的安装；普通电气控制柜用来安装 PLC、熔断器、变频器、中间继电器和变压器等元件，其中 PLC 是搬运码垛机器人工作站的控制核心，选用西门子 1215C PLC，该 PLC 采用交流供电，数字量输入为晶体管信号，数字量输出为继电器型，支持 TCP/IP、Modbus 通信协议，与机器人采用 TCP/IP 通信的方式。

3. 输送线

输送线主要功能是把上料位置处的工件传送到输送线的末端，以便机器人抓取和码放物料，为后续打包工序做准备。为了判断物料的有无和是否到达抓取位置，输送线安装了光电式传感器或接近传感器来进行检测。

输送线已在食品、冶金、电力、煤炭、化工、建材、码头等行业广泛应用，调速方式有变频调速、变极调速和变转差率调速。未来，输送线将向着大型化、物流自动分拣、降低能量消耗、减少污染等方面发展。

4. 人机交互系统

为了实时掌握搬运码垛机器人工作站的运行情况，一般采用人机交互系统。人机交互系统是人与计算机之间通过相互理解的交流与通信方式，为人完成信息管理、服务和处理等功能。人机交互系统一般采用 HMI 硬件，具有感知系统、智能代理交互、知识处理和可视化显示功能。本系统采用西门子 TP700。

5. 末端执行器

搬运码垛机器人的末端执行器一般分为真空类手爪和机械类手爪。真空类手爪一般为真空式吸盘，根据形成真空的原理可分为真空吸盘、气流负压吸盘和挤气负压吸盘三种。机械类手爪可分为二指手爪和多指手爪，靠摩擦力夹持。目前还有一种新型的智能化手爪，即手爪具备一种或多种传感器。本搬运码垛机器人的末端执行器多为真空式吸盘，用于包装箱体物料的抓取。

6．搬运码垛机器人工作站特点

目前，世界上使用的搬运码垛机器人超过 20 万台，被广泛应用于机床上下料、冲压机自动化生产线、自动流水线、码垛搬运集装箱等领域。搬运码垛机器人工作站一般具有以下特点。

（1）应有物料的传送装置，其形式要根据物料的特点选用或设计。

（2）可准确地定位物料，便于机器人抓取。

（3）多数情况下设有物料托板，或机动或自动地交换托板。

（4）有些物料在传送过程中要经过整型，以保证码垛质量。

（5）要根据被搬运物料设计专用末端执行器。

（6）应选用适于搬运作业的机器人。

扫一扫看搬运码垛机器人工作站工作视频

7．搬运码垛机器人工作站工作过程

（1）工作前巡查。首先环顾搬运码垛机器人工作站周围，查看机器人、电气控制柜、输送线等是否完好，机器人是否处于 Home 点，电缆线和信号线是否有破皮或裸露，安全防护装置是否正常，待确认无误后，进入下一步。

（2）系统启动。首先接通机器人旋转电源，等待机器人启动完毕；接着打开 PLC 控制柜电源、输送线及其他辅助系统电源；然后在“示教模式”或“本地模式”下加载搬运码垛主程序，待主程序加载完成后将机器人工作模式转至“远程模式”并按下伺服使能按钮，若系统没有报警，则标志启动完毕。

（3）开始搬运码垛。当输送线物料检测传感器检测到有料时，启动变频器，将物料传送至输送线末端，待传感器检测有物料到达时，变频器停止工作并给机器人发送启动工作信号，机器人开始抓取物料放置到周转物料箱上，搬运完成后机器人回到 Home 点，等待下一个循环。在物料数量达到设定数量后，机器人停止工作，输送线停止工作。待周转物料箱被转移，放置新的周转物料箱后，执行复位工作，工作站继续工作。

3.1.4 搬运码垛机器人工作站设计

依据需求设计和布局搬运码垛机器人工作站，做好各组成部件的选型。

1．搬运机器人选择

为了满足功能要求，须从可搬运质量、工作空间、自由度等方面来分析，只有同时满足或增加辅助装置后就能满足功能要求的工业机器人才是可用的。要考虑工作站对生产节拍的要求，即用户规定的生产量对搬运码垛机器人工作站工作效率的要求，在总体设计阶段，确定出完成一个工件处理作业的生产周期。在工业机器人选型时还要着重考虑负载能力、工作范围、重复精度等技术参数是否满足要求。

2．末端执行器设计

机器人的末端执行器是安装于机器人手臂末端，直接作用于工作对象的装置，使其能拿起一个对象，并具有处理、传输、夹持、放置和释放对象到一个准确离散位置等功能的机构。

其结构、质量、尺寸对机器人整体的运动学和动力学性能有直接的、显著的影响。作为机器人与环境相互作用的最后环节和执行部件，其性能的优劣在很大程度上决定了整个机器人的工作性能。

机器人末端执行器是一个主动感知工作环境信息的感知器，又是最后的执行器，是一个高度集成的具有多种感知功能和智能化的机电系统，涉及机构学、仿生学、自动控制、传感密术、计算机技术、人工智能、通信技术、微电子学、材料学等多个研究领域和交叉学科。研究和开发性能优良的机器人末端执行器是一项艰巨的任务。

3．可编程序控制器系统设计

可编程序控制器系统（PLC 系统）已成为功能完备的自动化系统，是当代先进工业自动化控制系统领域的三大支柱之一，是整个搬运码垛机器人工作站的控制核心。无论是由 PLC 组成的集散控制系统，还是独立控制系统，PLC 系统的设计都要考虑控制规模、工艺复杂程度、可靠性、数据处理速度等。

选择能满足控制要求的 PLC 是应用设计中至关重要的一步。选型时，首先考虑与企业正在使用的同系列 PLC，便于学习掌握；其次，考虑备件的通用性；再次，考虑 PLC 系统的扩展性。PLC 系统设计包括硬件设计和软件设计，其中硬件设计是指 PLC 及外围线路的设计，包括操作按钮、HMI、扩展模块、执行机构选择及控制台（柜）设计等；软件设计即 PLC 程序设计，包括系统初始化程序、主程序、子程序、中断程序、故障应急措施和辅助程序等。

4．输送线设计

输送线主要指在一定线路上完成物品的输送任务，可在环绕仓库、生产车间和包装车间设置若干条首尾相连的输送线，还可在输送过程中同时完成若干工艺操作，应用十分广泛，如应用于电子商务、第三方仓储、流通中心和配送中心等。

输送线按形式分为皮带线、滚筒线、链板线三类。皮带线通过连续或间歇运动来输送各种质量不同的物品，适用于各种散品、纸箱、包装袋等单件质量不大的物品。除用于普通物品的输送外，皮带线还可满足耐油、耐腐蚀、防静电等有特殊要求物品的输送。滚筒线适用于各类箱、包、托盘等件货的输送，能够输送单件质量很大的物品。滚筒线之间易于衔接过渡，可用多条滚筒线与其他专线组成复杂的物流输送系统，实现多种工艺需求。链板线以链板为承载面，以马达减速机为动力传动；链板线可承受较大载荷、长距离输送；线体形式为直线、转弯输送；链板宽度可根据客户或实际情况设计。

输送线主要包括驱动电机、变频器、传动机构及传送带等部分，其中变频器的选型较为重要。变频器的选型要考虑变频器所驱动的负载特性、应用场合等因素，一定要注意其防护等级是否与现场情况相匹配。

5．传感器选型

扫一扫看传感器的电气接线教学课件

搬运码垛机器人工作站的核心控制设备是 PLC。此外，其还要有检测工件的传感器。传感器种类繁多，如视觉传感器、位移传感器、光敏传感器、角度传感器、光纤传感器等，每种传感器都有自身特点和应用范围。在搬运码垛机器人工作站中有大量外部传感器，用于检测作业对象及环境或机器人与它们的关系。其中，光纤传感器、光敏

传感器以无触点、无机械碰撞、响应速度快、精度高等特点在机器人中得到广泛应用。

在搬运码垛机器人工作站中，传送带物料有无检测、物料到达抓取位置检测及周转托盘物料检测也需要使用多种传感器。用于检测物料有无的传感器种类较多，如超声波传感器、电感式接近开关、电容式接近开关等。超声波传感器检测距离远，但存在检测盲区，且价格偏高。电感式接近开关只能检测金属材质的物料。电容式传感器可用于传送带工件上料检测、抓取区域物料到位检测。周转托盘物料的检测一般选用光敏传感器。传感器一般有 NPN 和 PNP 两种形式。选择好传感器后，还需要考虑传感器的输出与 PLC 的输入连接方式。

3.1.5 FANUC 工业机器人

工业机器人技术指标反映了机器人的适用范围和工作性能，也是选择和使用机器人时必须考虑的关键问题。技术指标主要包括自由度、工作空间、额定速度、工作载荷、分辨率。除上述技术指标外，还应注意机器人的控制方式、驱动方式、安装方式、存储容量、插补功能、语言转换功能、自诊断功能及自保护和安全保障功能等。

1．机器人本体

FANUC 工业机器人主要由机器人本体、控制柜、示教器及其他辅助设备组成。机器人本体由伺服电机驱动的机械机构组成，各环节的每个结合处是一个关节点或坐标系。FANUC 工业机器人示教器由显示屏和按键组成，与 ESTUN T70 示教器有所区别，其显示屏只有显示功能，不带有触屏功能，并且其功能选择全部由按键实现。FANUC 工业机器人示教器按键如图 3.1.4 所示。除图 3.1.4 所示按键外，示教器前面板显示屏的上端还有 TP 开关和急停按钮。其中，TP 开关分为有效模式与无效模式，当处于无效模式时，机器人示教、编程、手动运行不能被使用。示教器的背部还有 DEADMAN 开关，当 TP 开关处于有效模式时，只有 DEADMAN 开关被按下，机器人才能运动，一旦松开，机器人立即停止运动。机器人工作站常见周边设备有供料和送料设备、搬运和安装部分、机器视觉系统、控制操作部分、仓储系统、专用机器、安全相关设施等，FANUC 工业机器人示教器显示屏如图 3.1.5 所示。

图 3.1.4　FANUC 工业机器人示教器按键

图 3.1.5　FANUC 工业机器人示教器显示屏

在示教时应注意以下事项。

（1）请不要戴着手套操作示教盘和操作盘。

（2）在点动操作机器人时要采用较低的倍率速度以增加对机器人控制的机会。

（3）按下示教器上的点动键之前要考虑到机器人的运动趋势。

（4）要预先考虑好避让机器人的运动轨迹，并确认该线路不受干涉。

（5）机器人周围区域必须清洁，没有油、水及杂质等。

（6）示教时须将 TP 开关置于 ON，同时将 DEADMAN 开关和 SHIFT 键同时按下。

在生产运行时的注意事项如下。

（1）在开机运行前，必须知道机器人根据所编程序将要执行的全部任务。

（2）必须知道所有会影响机器人移动的开关、传感器和控制信号的位置和状态。

（3）必须知道机器人控制器和外围控制设备上的急停按钮的位置，准备在紧急情况下按下该按钮。

（4）永远不要认为机器人没有移动，其程序就已经完成。因为这时机器人很有可能是在等待让它继续移动的输入信号。

（5）如果有外部设备诸如打印机、软盘驱动器、视觉系统等和机器人相连，在关电前，要先将这些外部设备关掉，以免被损坏。

（6）为了使远端控制器能自动开始程序的运行，需要将 TP 开关置于 ON 和自动模式设为 REMOTE。

2．机器人示教编程

1）创建程序

首先通过示教器中的 SELECT 键显示出程序目录画面，此时不需要按 SHIFT 键，直接通过 F2 键对应的 CREATE 功能就可以创建新程序，程序命名规范与 Office 文件命名要求相同，即不能以空格作为程序名的开始字母，不能以符号作为程序名的开始字母，不能以数字作为程序名的开始字母。

FANUC 工业机器人的运动类型分为三类，即关节运动（J）、直线运动（L）和圆弧运动（C），位置数据类型分为一般位置（P[ ]）和位置寄存器（PR[ ]）两种。

在点位示教中，有两种方式：一种是将 TP 开关置于 ON，将机器人移动至需要位置，按下 SHIFT+POINT 键来记录当前位置；另一种方法是进入编辑界面，按 F1 键，出现运动指令选择界面，移动光标选择合适的运动指令，之后按 SHIFT+POINT 键就会将当前机器人的位置记录下来。

运动程序句中还有终止类型，分为 FINE 和 CNT。其作用及注意事项如下。

（1）绕过工件的运动时使用 CNT 作为运动终止类型，可以使机器人的运动看上去更加连贯。

（2）当机器人手爪的姿态突变时，会浪费一些运行时间，当机器人手爪的姿态逐渐变化时，机器人可以运动得更快。

（3）用一个合适的姿态示教开始点。

（4）用一个和示教开始点差不多的姿态示教最后一点。

（5）在开始点和最后一点之间示教机器人，观察手爪的姿态是否逐渐变化。

（6）不断调整，尽可能使机器人的姿态不要突变。

【注意】当运行程序机器人走直线时，有可能会经过奇异点，这时有必要使用附加运动指令或将直线运动方式改为关节运动方式。

扫一扫看机器人程序备份与还原微课视频

2）程序备份与还原

为了较好的保存程序，以及在程序丢失后及时排除故障，一般在机器人工作站调试完毕后会将程序进行备份，文件是数据在机器人控制柜存储器内的存储单元。控制柜的文件类型有很多种，其中程序文件（*.TP）、默认的逻辑文件（*.DF）、系统文件（*.SV）用来保存系统设置，I/O 配置文件（*.I/O）用来保存 I/O 配置，数据文件（*.VR）用来保存寄存器等数据。

一般文件备份时，首先按 MENU 键，选择“FILE”选项，进入备份画面，按 F5 键，选择插入设备类型，一般使用 MC 卡，完成设置后，重新启动控制柜，示教器进入备份。一般的文件还原方法如下：开机时先按 PRE+NEXT 键，直到弹出“CONFIGURATION MENU”画面，选择“Controlled Start”选项，然后按 MENU 键，选择“FILE”选项后，按 F2 键选择“[DIR]”选项，弹出要还原的文件名，按 ENTER 键确认，最后按 F4 键选择“[RESTORE]”选项，完成还原。

一般还原结束后，会出现“SRVO-038”报警，可以通过按 MENU 键选择“下一页”按钮，选择“System-Master/cal”选项，进入选择界面，按 F3 键（RES_PCA），选择“YES”按钮的方法来消除此报警。

3. 机器人 I/O

FANUC 工业机器人的 I/O 分为通用和专用两类。通用 I/O 分为数字 I/O（DI[i]/DO[i]）、组 I/O（GI[i]/GO[i]）和模拟 I/O（AI[i]/AO[i]）。特殊 I/O 分为外部 I/O（UI[i]/UO[i]）、操作者面板 I/O（SI[i]/SO[i]）和机器人 I/O（RI[i]/RO[i]）。为了在机器人控制装置上对 I/O 信号线进

行控制，须建立物理信号和逻辑信号的关联，称为 I/O 分配。FANUC 工业机器人的 I/O 需要经过配置才能使用。

4．机器人控制系统

FANUC 工业机器人控制系统采用基于 Process I/O 板卡形式，采用 32 位 CPU，64 位数字伺服驱动单元，同步控制 6 轴运动，支持离线编程，控制器内部结构相对集成。Ref Position 点是一个安全位置，机器人在这一位置通常是远离工件和周边机器的。当机器人在 Ref Position 点时，会同时发出信号给其他远端控制设备，如 PLC，进一步判断机器人是否在工作原点。

CRAM15 和 CRAM16 接口均集成在机器人控制箱主板中，用两根 50 个端口的 I/O 插头连接器引出。FANUC 工业机器人的 RI[i]/RO[i]与 DI[i]/DO[i]应用非常类似，都属于单个数字 I/O 信号，但其 RI[i]/RO[i]的物理信号已被固定为逻辑信号，因而不能再次进行定义，它常用于机器人末端执行器的 I/O 信号控制，可通过专用 EE 接口与外部设备进行数据交互。

搬运码垛机器人工作站的主控系统核心选用 PLC，PLC 与机器人数据交互，可以选择 DI[i]/DO[i]接口通信、以太网通信等方式。以以太网通信为例，FANUC 工业机器人网关为 NT50-R5-EN，可通过硬件转换通信协议，又可通过软件直接使用 Socket 通信。

任务 3.2 码垛系统故障诊断与维护

扫一扫看发那科机器人的以太网设置

3.2.1 布置任务

1．学习任务描述

在搬运码垛机器人工作站中，为了提高周转效率、减少作业的烦琐性，有时需要辅助装置来协作机器人工作，其中较为常见的是码垛和拆垛、自动输送线。这些常见辅助装置主要分为机械、电气和传感三部分。为了保证搬运码垛机器人工作站正常工作，需要掌握辅助装置的主要组成部件，并进行日常维护和故障诊断与分析。

扫一扫看工业机器人传感系统日常维护教学课件

2．学习目标

（1）通过信息查询熟知搬运码垛机器人工作站辅助装置的类型及应用场景。

（2）根据查询所获得知识，掌握搬运码垛机器人工作站自动输送线、传感系统的组成。

（3）通过小组合作，完成码垛系统的机械、电气、传感部分的认知。

（4）小组进行施工检查验收，归纳总结码垛系统的维护和故障分析方法。

3．任务书

图 3.2.1 所示为不同搬运码垛机器人工作站场景，可以选取较为熟悉的场景来进行码垛系统的认知。

场景（1）

场景（2）

场景（3）

图 3.2.1　不同搬运码垛机器人工作站场景

场景（4）

图 3.2.1 不同搬运码垛机器人工作站场景（续）

3.2.2 任务实施

1. 工作计划

各小组按照任务工单要求和获取的相关技术手册，制定自动输送线和码垛系统维护和故障分析处理的工作方案，并填写码垛系统维护与排故工作流程（见表 3.2.1）。

表 3.2.1 码垛系统维护与排故工作流程

步骤	工作内容	负责人

2. 工作实施

按以下步骤实施自动输送线的维护工作。

1）准备阶段

（1）将搬运码垛机器人工作站的机器人调整到合适位置，便于进行自动输送线的维护操作。

（2）搬运码垛机器人工作站系统断电，并在主供电箱内悬挂警示标志。

（3）查阅维护的相关技术资料，准备工具和劳动防护用品。

2）自动输送线维护与排故实施步骤

（1）检查自动输送线供电线、控制线和信号线是否完好无损。

（2）检查自动输送线传送带的磨损和跑偏情况。

（3）检查自动输送线的减速器、传动轴、托辊、轴承等零件的磨损和润滑情况。

（4）检查自动输送线的 PLC、变频器和电动机，并进行信号测试。

（5）检查自动输送线的传感器性能指标和动态特性。

（6）系统上电，检查自动输送线运行情况。

3. 检查验收

根据自动输送线维护和排故工作情况，按照验收标准对任务完成情况进行检查验收和评价，并填写验收标准及评分表（见表 3.2.2）和验收过程问题记录表（见表 3.2.3）。

扫一扫看传感器的更换教学课件

表 3.2.2　验收标准及评分表

序号	验收项目	验收标准	分值	教师评分	备注
1	安全规范	遵守实验室相关规章制度	20		
2	减速器维护与排故	操作规范，无噪声，运行平稳	20		
3	万向节维护与更换	操作规范，无噪声，运行平稳	10		
4	皮带维护与排故	顺畅传送货物，无跑偏	10		
5	轴承维护与更换	操作规范，无噪声，运行平稳	10		
6	电动机维护与更换	操作规范，无噪声，运行平稳	10		
7	传感器维护与更换	操作规范，检测信号正常	10		
8	变频器维护与排故	操作规范，无噪声，运行平稳	10		
	合计		100		

表 3.2.3　验收过程问题记录表

序号	验收问题记录	整改措施	二次验收	备注

4. 评价反馈

各小组介绍任务分工、工作过程并提交上述验收标准及评分表和验收过程问题记录表。按照表 3.2.4 所示的考核评价表，完成小组自评、组间互评及教师评价，折算后得出该小组的最终成绩。

表 3.2.4 考核评价表

评价项目	评价内容	分值	自评 20%	互评 20%	师评 60%	合计
职业素养（40分）	安全意识、责任意识、服从意识	10				
	积极参加任务活动，按时完成工作任务	10				
	团队合作、交流沟通能力	10				
	劳动纪律	5				
	现场 6S 标准	5				
专业能力（60分）	专业资料检索能力	10				
	制订计划能力	10				
	操作符合规范	15				
	工作效率	10				
	任务验收质量	15				
	合计	100				
创新能力（20分）	创新性思维和行动	20				
	总计	120				
教师签名：			学生签名：			

3.2.3 自动输送线

自动输送线系统是将工序位置处的物料传送到输送线末端，以便于机器人进行分类码垛。大多采用平皮带进行输送，高度可调。平皮带具有安装简单便捷、维护方便、振动性好、价格便宜、可靠性高等优点。此外，还可采用同步齿形带，它可以使物料在输送过程中更加平稳，有效防止物料损坏及掉落，同时有利于机器人顺利实现码垛节拍。

输送线初始上料位置设有光敏传感器，用于检测是否有物料需要输送，若有，则启动输送线，对物料进行输送。输送线末端装也有光敏传感器，用来检测物料是否已到末端位置，若检测到，则启动机器人进行码垛。该输送线由三相交流电动机驱动，采用变频器进行调速控制。

3.2.4 机械系统维护与排故

在搬运码垛机器人工作站的机械系统中大量使用标准件和常用机械零件，因此在其维护与排故中主要涉及标准件和常用机械零件的拆卸、更换、安装等。

1．螺纹连接件拆卸

螺纹连接是机械设备中应用最为广泛的连接方式，螺纹连接件具有结构简单、调整方便和可多次拆卸装配等优点。虽比较容易，但往往因重视不够、工具选用不当、拆卸方法不正确等而造成损坏。因此，在拆卸螺纹连接件时，一定要注意选用合适扳手或旋具，尽量不用活扳手。对于较难拆卸的螺纹连接件，应先弄清楚螺纹旋向，不要盲目乱拧或用过长的加力杆。拆卸双头螺柱时，要用专用扳手。

2. 主轴部件拆卸

为了避免拆卸不当而降低装配精度，在拆卸时轴承、垫圈、模具壳体及主轴在圆周方向的相对位置都应做上记号，拆卸下来的轴承及内外垫圈各成一组分开放置，不能错乱。工作台及周围场地必须保持清洁，拆卸的零件放入油内以防生锈。装配时仍需要按原记号方向装入。在拆卸齿轮箱中的轴类零件时，须先了解轴阶梯方向，进而决定拆卸轴时的移动方向，然后拆去轴两侧端盖和轴向定位零件，如紧固螺钉、圆螺母、弹簧垫圈、保险弹簧等。

3. 齿轮副拆卸

为了避免拆卸后再装配时的误差不能消除，拆卸时须在两齿轮相互啮合处做上记号，以便装配时恢复原精度。为了提高传动精度，对传动比为 1 的齿轮副采用误差相消法装配，即将一个外齿轮的最大径向跳动处的齿间与另一个齿轮的最小径向跳动处的齿间相啮合。

4. 过盈配合件拆卸

拆卸过盈配合件时，应根据零件配合尺寸和过盈量大小，选择合适的拆卸方法、工具和设备，如拔轮器、压力机等，不允许使用铁锤直接敲击零件，以防损坏零件。在无专用工具的情况下，可用木槌、铜锤、塑料锤或垫以木棒或铜棒用铁锤敲击。

滚动轴承的拆卸属于过盈配合件的拆卸范畴，使用范围较广，因为其具有可拆卸的特点，所以在拆卸时，除要遵循过盈配合件的拆卸要点外，还要考虑到它自身的特殊性。

5. 不可拆连接件拆卸

不可拆连接件有焊接件和铆接件等。焊接件、铆接件属于永久性连接件，在修理时通常不拆卸。但需要拆卸焊接件时，可用锯割、等离子切割或用小钻头排钻孔后再锯，也可用氧炔焰气割等方法。拆卸铆接件时，可用錾子切割、锯割或气割掉铆钉，也可用钻头钻掉铆钉等。操作时，应注意不要损坏零件。

3.2.5 智能故障诊断技术

1. 智能故障诊断技术概述

由于机器设备日趋复杂化、智能化及光机电一体化，传统的诊断技术已经不能适应当前需求。随着计算机技术、人工智能技术发展，诊断技术进入智能化阶段。智能故障诊断是在对故障信号进行检测和处理的基础上，结合该领域专家知识和人工智能技术进行诊断推理，具有对给定环境下的诊断对象进行状态识别和状态预测的能力。它适用于模拟人的思维过程，解决需要进行逻辑推理的复杂诊断问题，可以根据诊断过程的需要搜索和利用领域专家的知识及经验来达到诊断目的。

智能故障诊断技术包括模糊技术、灰色理论、模式识别、故障树分析、诊断专家系统等。前几种技术在某种程度上只是运用了逻辑推理知识，未完全解决诊断过程中信息模糊和不完全、故障分类和定位等问题，而诊断专家系统则以自身为平台，综合其他诊断技术，形成混合智能故障诊断系统。狭义的智能诊断技术一般理解为诊断专家系统。

2. 智能故障诊断方法

智能故障诊断过程实质是知识的运用和处理过程，知识的数量和质量决定了系统能力的大小和诊断效果，推理控制策略决定了知识的使用效率。因此，关于智能诊断理论的研究的核心内容为知识的表示和知识的使用。表3.2.5所示为主要智能故障诊断方法的优缺点对比。

表3.2.5　主要智能故障诊断方法的优缺点对比

诊断方法	优点	缺点
基于故障树的方法	简单易行	依赖性强，对于复杂的系统，故障树会很庞大且不适用
基于实例的推理方法	知识获取容易，知识更新方便，可以自动获取经验知识	严重依赖事例知识库
基于模型的方法	能够处理新遇到的情况，可以进行动态故障检测，适用于从产品设计角度考虑	由于该模型的结构诊断信息较难获取，使得诊断准确度不高
基于专家系统的方法	不依赖数学模型，能够根据不确定的知识进行推理，具有获取知识的能力，具有灵活性、透明性及交互性	产品的复杂性，使得规则表的提炼很困难
基于模糊推理的方法	更接近人类思维方式，结果便于实用	模糊诊断知识获取困难，依赖模糊知识库，学习能力差
基于神经网络和基于模式识别的方法	不需要系统模型，对噪声不敏感，应用范围广，诊断速度快，复杂非线性系统适用	训练时间不受控，严重依赖训练样本集，无法处理动态系统，无法给出推理说明

3. 智能故障诊断应用及现状

目前，诊断技术主要应用在旋转机械、往复式机械、故障诊断、流程工业设备、加工过程、各种基础零部件五个方面，其中各种基础零部件的故障诊断包括对各种齿轮、轴承及液压零部件等的诊断。这类基础零部件普遍存在于各种设备中，应用范围极广，是诊断技术最重要的应用对象之一。基础零部件的故障诊断工作已取得相当重要的进展，目前最重要的问题是研究适合工程应用的更可靠的诊断方法与仪器。

目前，我国在诊断技术方面的研究主要集中在信号分析与处理、传感器技术、人工智能与专家系统、神经网络等方面。从20世纪80年代的单机巡检与诊断，到上、下位式的主从机构，再到今天的以网络为基础的分布式结构，系统的结构越来越复杂，实时性越来越高。目前已陆续出现了离线诊断系统、在线诊断系统和便携式诊断系统，但国内系统的可靠性同国外系统的相比还有较大的差距，这是今后亟待解决的问题。

任务3.3　搬运码垛机器人故障诊断与维护

3.3.1　布置任务

1. 学习任务描述

搬运码垛机器人工作站的任务是由机器人完成工件的搬运，将输送线输送出来的物料搬运到指定区域，并进行码垛。当给机器人安装不同类型的末端执行器时，机器人可以完成不同形态和状态的工件搬运工作。

2. 学习目标

（1）根据 FANUC 工业机器人手册等技术资料掌握常用搬运码垛机器人的型号及参数。

（2）根据 FANUC 工业机器人手册等技术资料熟知搬运码垛机器人的常见故障及处理方法。

（3）在老师指导下，按照工作站技术手册，确定搬运码垛机器人的维护与排故工作要点。

（4）在老师指导下，小组合作，完成搬运码垛机器人的维护和故障分析与处理任务。

（5）小组进行施工检查验收，归纳总结搬运码垛机器人的维护和排故注意事项。

3. 任务书

在某搬运码垛机器人工作站中，由一台 FANUC 六关节工业机器人完成包装箱的码垛，搬运机器人每日工作时间 12h。图 3.3.1 所示为搬运码垛机器人。

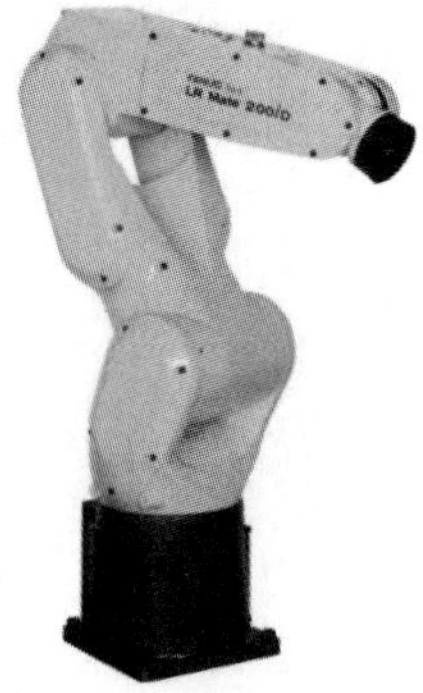

图 3.3.1　搬运码垛机器人

3.3.2　任务实施

1. 工作计划

各小组按照任务书要求和获取的相关技术手册，制定搬运码垛机器人的维护和排故工作方案，并填写搬运码垛机器人维护与排故工作流程（见表 3.3.1）和材料、工具、器件清单（见表 3.3.2）。

表 3.3.1　搬运码垛机器人维护与排故工作流程

步骤	工作内容	负责人

表 3.3.2　材料、工具、器件清单

序号	名称	型号和规格	单位	数量	备注

2. 工作实施

按以下步骤实施搬运码垛机器人的维护与故障分析与处理工作。

1）准备阶段

（1）将搬运码垛机器人位姿调整到便于观察和清洁的位置。

（2）工作站系统断电，并在主供电箱内悬挂警示标志。

（3）查阅维护的相关技术资料，准备工具和劳动防护用品。

2）搬运码垛机器人维护实施步骤

（1）检查搬运码垛机器人供电系统，查看电源线是否有裸露。

（2）清洁搬运码垛机器人本体。

（3）检查搬运码垛机器人伺服电机、减速器和轴编码器。

（4）查找搬运码垛机器人进出油口及更换润滑油。

（5）清洁搬运码垛机器人控制柜。

（6）检查与更换末端执行器。

3）搬运码垛机器人故障分析与处理实施步骤

（1）在确保安全的情况下，开启机器人电源。

（2）通过示教器查找搬运码垛机器人历史故障，并做好记录。

（3）对于其他品牌的搬运码垛机器人，可以通过伺服驱动器来查找伺服系统的历史故障。

（4）通过查找机器人相关技术手册，分析历史故障的原因及处理方法。

（5）再现历史故障，进行排故训练。

3. 检查验收

根据搬运码垛机器人的维护与排故工作情况，按照验收标准对任务完成情况进行检查验收和评价，并填写验收标准及评分表（见表3.3.3）和验收过程问题记录表（见表3.3.4）。

表3.3.3 验收标准及评分表

序号	验收项目	验收标准	分值	教师评分	备注
1	安全规范	正确穿戴工作服、劳保鞋；发型、指甲等符合安全生产要求；工作过程中不佩戴首饰、钥匙、手表等；设备无损害	20		
2	机器人本体	线缆和气路排列整齐、表面整洁	20		
3	电气控制柜	电气元件无故障，表面无灰尘	20		
4	润滑油更换	操作规范，地面整洁	20		
5	末端执行器	牢固抓取物料	10		
6	电池更换	操作规范，数据无丢失	10		
	合计		100		

表 3.3.4 验收过程问题记录表

序号	验收问题记录	整改措施	二次验收	备注

4．评价反馈

小组介绍任务分工、工作过程并提交上述验收标准及评分表和验收过程问题记录表。按照表 3.3.5 所示的考核评价表，完成小组自评、组间互评及教师评价，折算后得出该小组的最终成绩。

表 3.3.5 考核评价表

评价项目	评价内容	分值	自评 20%	互评 20%	师评 60%	合计
职业素养（40 分）	安全意识、责任意识、服从意识	10				
	积极参加任务活动，按时完成工作任务	10				
	团队合作、交流沟通能力	10				
	劳动纪律	5				
	现场 6S 标准	5				
专业能力（60 分）	专业资料检索能力	10				
	制订计划能力	10				
	操作符合规范	15				
	工作效率	10				
	任务验收质量	15				
	合计	100				
创新能力（20 分）	创新性思维和行动	20				
	总计	120				
教师签名：		学生签名：				

3.3.3 搬运码垛机器人维护

1．FANUC 工业机器人故障消除

1）消除 SRVO-062 报警

故障代码：SRVO-062 SVAL2 BZAL alarm(Group:iAxis:j)，脉冲编码器数据丢失报警。

解决方法：首先检查机器人电池是否电量不足，然后依次按下 MENU-0（下一页），选择“SYSTEM-Master/cal”选项。如果没有“SYSTEM-Master/cal”选项就更改变量“$MASTER_ENB”，按 F3 键（RES_PCA），点击“YES”按钮。

2）消除 SRVO-075 报警

报警代码：SRVO-075 WARN Pulse not established(Group:i Axis:j)，脉冲编码器无法计数报警。当发生 SRVO-075 报警时，机器人完全在关节坐标系下，单关节运动。

解决方法：开机（出现 SRVO-075 报警），按 COORD 键将坐标系切换至 JOINT 坐标系，使用 TP 点动机器人报警轴 20 度左右（SHIFT+运动键），按 RESET 键，消除此报警。

3）消除 SRVO-038 报警

解决方法：首先依次按 MENU-0（下一页），选择“SYSTEM-Master/cal”选项，按 F3 键，点击“YES”按钮，复位脉冲，然后光标移到第 6 项“CALIBRATE”，按 ENTER 键确认，点击“YES”按钮后，校验数据就会出现。

2. 机器人基本保养

定期保养机器人可以延长机器人的使用寿命，FANUC 工业机器人的保养周期可以分为日常三个月、六个月、一年、两年、三年，其保养事项如表 3.3.6 所示。

表 3.3.6 FANUC 工业机器人保养事项

保养周期	检查和保养内容	备注
日常	不正常的噪声和振动，电动机温度	
	周边设备是否可以正常工作	
	每根轴的抱闸是否正常	有些型号机器只有 J2、J3 抱闸
三个月	控制部分的电缆	
	控制器的通风	
	连接机械本体的电缆	
	接插件的固定状况是否良好	
	拧紧机器上的盖板和各种附加件	
	清除机器上的灰尘和杂物	
六个月	更换平衡块轴承的润滑油，其他参见三个月保养内容	某些型号机器人不需要，具体可查阅机械保养手册
一年	更换机器人本体上的电池，其他参见六个月保养内容	
三年	更换机器人减速器的润滑油，其他参见一年保养内容	

3. 电池更换

扫一扫看工业机器人电池更换教学课件

FANUC 工业机器人的电池有控制器主板上的电池和机器人本体上的电池。更换控制柜电池时要提前准备一节新的 3V 锂电池（推荐使用 FANUC 原装电池），机器人通电开机正常后，等待 30s，然后机器人关电，打开控制器柜子，拔下接头取下主板上的旧电池，装上新电池，插好接头。

机器人本体上的电池用来保存每根轴编码器的数据。因此，电池需要每年都更换。更换时先要保证机器人电源开启，按下机器急停按钮，然后打开电池盒的盖子，拿出旧电池，换上新电池（推荐使用 FANUC 原装电池），注意不要装错正负极（电池盒的盖子上有标识），最后盖好电池盒的盖子，上好螺钉。

4. 更换润滑油

扫一扫看工业机器人润滑油更换教学课件

机器人每工作三年或工作 10000h，需要更换 J1、J2、J3、J4、J5、J6 轴减速器润滑油和 J4 轴齿轮盒的润滑油。某些型号机器人如 S-430、R-2000 等每半年或工作 1920h 还需更换平衡块轴承的润滑油。

更换减速器和齿轮盒润滑油的具体步骤如下：首先机器人关电，拔掉出油口塞子，从加油嘴加入润滑油，直到出油口有新的润滑油流出，此时停止加油，然后让机器人被加油的轴反复转动，直到没有润滑油从出油口流出，最后把出油口的塞子重新安装好。

错误的操作将会导致密封圈损坏，因此为了避免发生错误，操作人员应考虑以下几点。

（1）更换润滑油之前，要将出油口的塞子拔掉。

（2）使用手动油枪缓慢加入。

（3）避免使用工厂提供的压缩空气作为油枪的动力源。

（4）必须使用规定的润滑油，其他润滑油会损坏减速器。

（5）更换完成，确认没有润滑油从出油口流出后，将出油口的塞子安装好。

（6）为了防止滑倒事故的发生，将机器人和地板上的油迹清除干净。

3.3.4 搬运码垛机器人末端执行器

1. 末端执行器设计

常见的搬运码垛机器人工作站主要用于周转箱、结构件、不同产品的搬运，由于被抓取物体的形状、体积、质量差异性较大，所以搬运码垛机器人的末端执行器也多种多样，如图 3.3.2 所示。

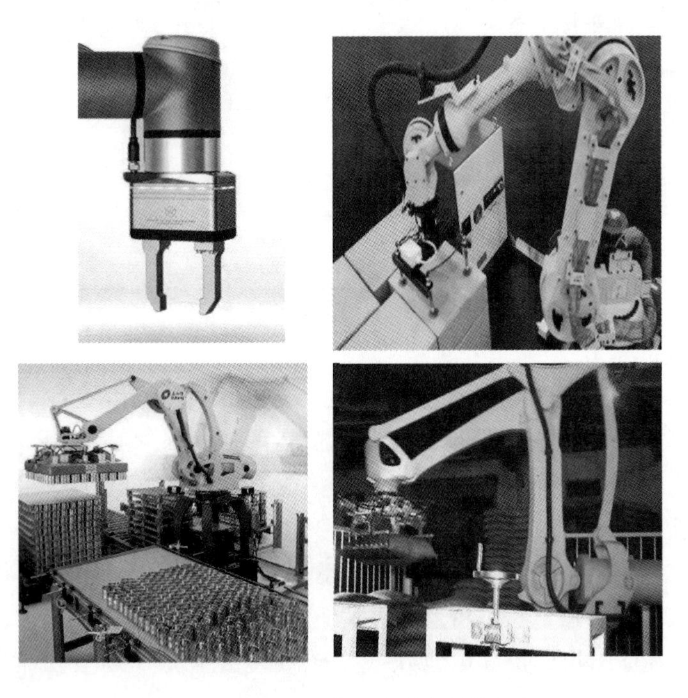

图 3.3.2 搬运码垛机器人的末端执行器

末端执行器的设计和选型要满足功能上的要求，具体来说要考虑以下几个方面。

（1）被抓握的对象物。末端执行器的设计和选用首先要考虑的是工件被抓握的方式，充分了解工件的几何形状、机械特性。

（2）物料的馈送器或存储装置。装置与机器人配合工作的馈送器或存储装置，其对末端执行器的最小和最大爪钳之间的距离及夹紧力都有要求。此外，还应了解其他可能的因素对末端执行器工作的影响。

（3）末端执行器和机器人匹配。末端执行器一般用法兰式机械接口与手腕相连接，其自重也增加了机械臂的载荷。为了解决好这一问题，末端执行器是可以更换的，末端执行器形式也可以不同，但必须与手腕的机械接口相同，这就是接口匹配。

（4）环境条件。在作业区域内环境状况很重要，比如高温、水、油等环境会影响末端执行器工作。

2. 工具快换装置

有时搬运码垛机器人需要抓取不同的物体，为了降低企业成本，一般采用工具快换装置来更换不同的工具，实现一台机器人对多种物体的搬运。工具快换装置如图 3.3.3 所示。工具快换装置使单个机器人能够在制造和装备过程中交换使用不同的末端执行器以增加柔性，被广泛应用于自动点焊、弧焊、材料抓举、冲压、检测、卷边、装配、材料去除、毛刺清理（打磨）、包装等操作，具有生产线更换快速、有效减少停工时间等优势。

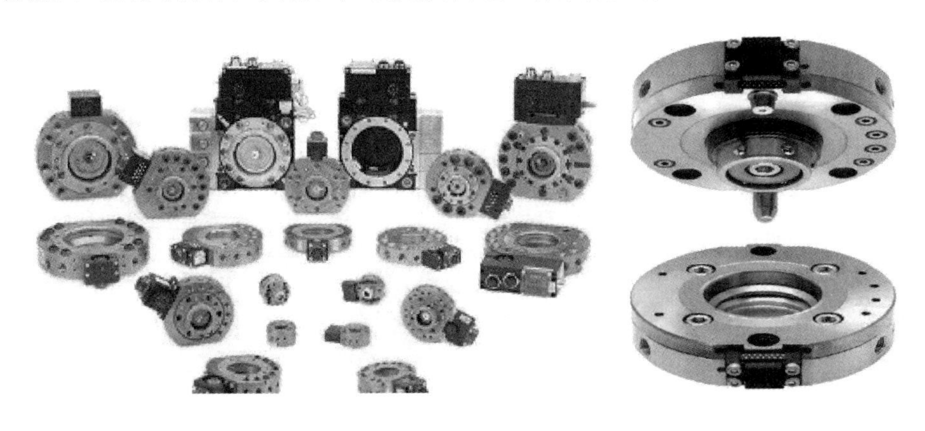

图 3.3.3　工具快换装置

工具快换装置，又叫快换器，它是应用于末端执行器的一种柔性连接工具，是高性能工业机器人的主要组成部分，能够使机器人充分发挥性能，完成多种作业，提高机器人的性价比。

工业机器人工具快换器分为机器人侧（Master Side）和工具侧（Tool Side），机器人侧安装在机器人前端手臂上，工具侧安装在执行工具上（工具是焊钳、抓手等），工具快换装置能快捷地实现机器人侧与执行工具之间电信号、气体和液体相通。一个机器人侧可以根据用户的实际情况与多个工具侧配合使用，增加机器人生产线的柔性制造和效率，降低生产成本。工具快换装置能够让不同的介质（例如气体、电信号等）从机器人手臂连通到末端执行器，便于机器人系统二次开发和系统集成。工具侧末端执行器的自重不能太大，工业机器人能抓

取工件的质量等于机器人承载能力减去手部质量，因此末端执行器自重要与其承载能力匹配。

工具快换装置的优点在于：生产线更换可以在数秒内完成；维护和修理工具可以快速更换，大大减少停工时间；通过在应用中使用 1 个以上的末端执行器，从而使柔性增加；使用自动交换单一功能的末端执行器代替原有笨重复杂的多功能工装执行器。

工业机器人的工具快换装置通用性好、结构紧凑、可靠性高。工具快换装置一律采用国际标准接口，具有非常好的通用性和匹配性。工具快换装置采用活塞杆式或快换液压缸，并采用悬挂放置的方式，保证了其在快换架上安装的同轴性。另外，单活塞杆式可获得更多的运动行程，保证了连接销的伸出长度。快换盘可以对液压缸和连接销进行支撑，也可以对工具快换装置的伸缩过程起导向作用，从而进一步提高工具快换装置的可靠性。

3.3.5 末端执行器维护与故障诊断

在搬运码垛机器人工作站中，常用的末端执行器主要是真空吸盘。真空吸盘对工件表面要求平整光滑、干燥洁净。吸盘吸力在理论上决定于吸盘与工件表面的接触面积和吸盘内外压差，实际上与工件表面状态有十分密切的关系，它影响负压的泄露。采用真空泵，能保证吸盘内持续产生负压，故这种吸盘的吸力比其他形式的大。

1. 末端执行器日常维护

由于真空吸盘经常与工件表面相接触，且材质多采用橡胶，较易发生老化、胶化，因此在搬运码垛机器人工作站的日常维护中，要经常检查真空吸盘的外形是否有变形、损坏，同时要检查吸盘的气密性。加强真空吸盘的日常维护，可以延长产品使用寿命。

（1）一般情况下，真空吸盘工作 2000h 后应做一次检修。

（2）当真空吸盘正常工作后，打开出口压力表和进口真空发生器，显示适当压力后，逐渐打开阀门，并查看其负荷情况。

（3）尽量控制真空吸盘的流量在标准范围内。

（4）在停止使用真空吸盘时，先关闭阀门、压力表，然后关闭压缩机。

定期维护工作的主要内容是漏气检查和油雾器维护。

（1）检查系统各泄漏处。此项检查至少每月进行一次，任何存在泄漏的地方都应立即进行修补。漏气检查应在白天空闲时间或下班后进行。这时，气动装置已停止工作，车间内噪声小，但管道内还有一定的空气压力，根据漏气的声音便可知何处存在泄漏。检查漏气时还可采用在各检查点涂肥皂液等办法，因其显示漏气效果较好。

（2）通过对方向阀排气口的检查，判断润滑油是否适度，空气中是否有冷凝水。如果润滑不良，那么需要检查油雾器滴油是否正常，安装位置是否恰当；如果有大量冷凝水排出，那么需要检查排出冷凝水的装置是否合适，过滤器的安装位置是否恰当。

（3）检查安全阀、紧急安全开关动作是否可靠。定期检修时必须确认它们动作的可靠性，以确保设备和人身安全。

（4）观察方向阀动作是否可靠。检查阀芯或密封件是否有磨损，若有则更换。让电磁阀反复切换，从切换的声音可判断其工作是否正常。

（5）反复开关换向阀观察气缸动作，判断活塞是否密封良好；检查活塞杆外露部分，观察活塞杆是否被划伤、腐蚀或存在偏磨；判断活塞杆与缸盖内的导向套、密封圈的接触情况，压缩空气的处理质量，气缸是否存在横向载荷等；判断缸盖配合处是否有泄漏。

（6）对行程阀、行程开关及行程挡块都要定期检查牢固程度，以免出现动作混乱。

（7）给油雾器补油时，应注意储油杯的减少情况，如果发现耗油量太少，那么必须重新调整滴油量，若调整后滴油量仍少或不滴油，则应检查所选油雾器的规格是否合适、油雾器进出口是否装反、油道是否堵塞。

2．末端执行器常见故障与维修方法

当末端执行器已经与工件接触，并开始工作时，由于种种原因，会与工件或周围的装置发生碰撞，造成末端执行器的损坏。而搬运码垛机器人工作站多采用真空吸盘和阀组，所以在故障诊断中还侧重于电磁阀等气动系统的故障排查，这里主要介绍调压阀、安全阀、电磁换向阀。

1）调压阀

调压阀的常见故障与维修方法如表3.3.7所示。

表3.3.7　调压阀的常见故障与维修方法

故障现象	故障原因	维修方法
平衡状态下，空气从溢流口溢出	进气阀和溢流阀座有尘埃	取下清洗
	阀杆顶端和溢流阀座之间密封漏气	更换密封圈
	阀杆顶端和溢流阀之间研配质量不好	重新研配或更换
	膜片破裂	更换膜片
压力调不高	调压弹簧断裂	更换弹簧
	膜片破裂	更换膜片
	膜片有效受压面积与调压弹簧设计不合理	重新加工设计
调压时压力爬行，升高缓慢	过滤网堵塞	拆下清洗
	下部密封圈阻力过大	更换密封圈
出口压力发生激烈波动或不均匀变化	阀杆或进气阀芯上的O形密封圈表面损伤	更换O形密封圈
	进气阀芯与阀座之间导向接触不好	整修或更换阀芯

2）安全阀

安全阀的常见故障与维修方法如表3.3.8所示。

表3.3.8　安全阀的常见故障与维修方法

故障现象	故障原因	维修方法
安全阀不能换向	润滑不良，滑动阻力和始动摩擦力大	改善润滑
	密封圈压缩量大，或膨胀变形	适当减小密封圈的压缩量，改进配方
	尘埃或油污等被卡在滑动部分或阀座上	清除尘埃或油污
	弹簧卡住或损坏	重新装配或更换弹簧
	控制活塞面积偏小，操作力不够	增大活塞面积和操作力
安全阀泄漏	密封圈压缩量过小或有损伤	适当增大压缩量或更换受损坏的密封件
	阀杆或阀座有损伤	更换阀杆或阀座
	铸件有缩孔	更换铸件

续表

故障现象	故障原因	维修方法
安全阀产生振动	压力低	提高先导操作压力
	电压低	提高电源电压或改变线圈参数

3）电磁换向阀

电磁换向阀的常见故障与维修方法如表 3.3.9 所示。

表 3.3.9 电磁换向阀的常见故障与维修方法

故障现象	故障原因	维修方法
动铁芯不动作（无声）或动作时间过长	电源未接通	接通电源
	接线断了或误接线	重新正确接线
	电气线路的继电器有故障	更换继电器
	电压低，电磁吸力不足	在允许使用电压范围内
	污染物卡住动铁芯	清洗、更换损坏零件，并检查气源处理状况是否合乎要求
	动铁芯被焦油状污染物粘连	
	动铁芯锈蚀	
	弹簧破损	
	密封件损坏、泡胀	
	环境温度过低，阀芯冻结	
	锁定式手动操作按钮忘记解锁	
动铁芯不能复位	弹簧破损	清洗、更换损坏零件，并检查气源处理状况是否合乎要求
	污染物卡住动铁芯	
	动铁芯被焦油状污染物粘连	
	复位电压低	复位电压不得低于漏电压，必要时更换电磁阀
	漏电压过大	
线圈有过热现象或发生烧毁	流体温度过高、环境温度过高（包括日晒）	改用高温线圈
	工作频度过高	改用高频阀
	交流线圈的动铁芯被卡住	清洗，改善气源品质
	接错电源或误接线	正确接线
	瞬时电压过高，击穿线圈的绝缘材料，造成短路	电磁线圈电路与电源电路隔离，设过电压保护回路
	电压过低，吸力减小，交流电磁线圈通过的电流过大	使用电压不得比额定电压低 10%～15%
	电器触点接触不良	更换继电器
	直动式双电控阀两个电磁铁同时通电	应设互锁电路
	直动式交流线圈铁芯剩磁大	更换铁芯材料或更换电磁阀
交流电磁线圈有蜂鸣声	电磁铁的吸合面不平、有污染物、生锈，不能完全被吸合或动铁芯被固着	修平、清除污染物、除锈、更换
	分磁环损坏	更换静铁芯
	使用电压过低，吸力不足（换新阀也一样）	应在允许使用电压范围内
	固定电磁铁的螺钉松动	紧固螺钉
	直动式双电控阀同时通电	设互锁电路
	电压低	提高电源电压或改变线圈参数

3. 末端执行器损坏恢复

当配备了末端执行器损坏硬件的检测开关跳闸时，发生末端执行器损坏错误。当机器人的末端执行器遇到可能导致末端执行器损坏的障碍物时，开关跳闸。系统将关闭伺服系统驱动电源，实施机器人制动，显示表明末端执行器损坏的错误消息，点亮操作面板 FAULT（故障）灯，点亮示教操作器故障指示灯。恢复步骤如下。

（1）如果还未进行末端执行器损坏恢复，则继续按住 DEADMAN（紧急时自动停机）开关，并打开示教器开关。

（2）按住 SHIFT（位移）键，并按 RESET（复位）键，可以移动机器人。

（3）对机器人进行点动，使其到达安全位置。

（4）按 EMERGENCY STOP（急停）按钮。

（5）需要一名经过培训的维修人员来检查和修理末端执行器。

（6）确定导致末端执行器撞到物体并导致末端执行器损坏的原因。

（7）如果在执行程序时发生损坏，则需要重新示教位置、修改程序或移动撞到的物体。

（8）如果已修改了程序、记录了新位置或移动了工作空间内的物体，则对程序进行试运行。

任务 3.4　主集成控制系统故障诊断与维护

3.4.1　布置任务

1. 学习任务描述

搬运码垛机器人工作站一般由工业机器人、自动输送线、转运平台、传感器等设备或装置组成，各设备间是在 PLC 指挥下协调工作的。一旦主集成控制系统出现故障，将影响整个搬运码垛机器人工作站。因此，做好主集成控制系统的维护和故障分析与处理也是极为重要的。

2. 学习目标

（1）通过信息查询获得目前 PLC 的主要生产商及型号。

（2）通过信息查询了解目前工业机器人的集成技术。

（3）通过小组合作，完成搬运码垛机器人工作站主集成控制系统的硬件认知。

（4）在老师指导下，确定搬运码垛机器人工作站的维护工作要点。

（5）在老师指导下，小组合作，完成搬运码垛机器人工作站的故障分析与处理任务。

3. 任务书

现有工业机器人操作与运维实训平台，主要由 PLC 主控系统、FANUC 工业机器人、搬运码垛模块组成，该系统以西门子 PLC S7-1200 为主控，设备间采用 Modbus TCP 协议。为了保证实训平台的正常使用，主集成控制系统的维护和排故极为重要。

4. 小提示

西门子 PLC 编程软件支持新款 CP243-1（6GK7243-1-1EX01-0XE0）。改进实现新的互联网向导，支持 BOOTP 和 DHCP，支持用于电子邮件服务器的登录名和密码。西门子 PLC 编程软件可进行远程编程、诊断或数据传输。控制器功能中已集成了 Profibus DP Master/Slave、Profibus FMS 和 LON Works。利用 Web Server 进行监控。储存 HTML 网页、图片、PDF 文件等到控制器里供通用浏览器查看扩展操作系统功能。目前有 4 类编程软件：STEP 7-Micro/WIN，其是西门子 S7-200 编程软件；STEP 7-Micro/WIN SMART，其是专门为 S7-200 SMART 开发的编程软件，能在 Windows XP SP3/Windows 7 上运行，支持 LAD、FBD、STL 语言，安装文件小于 100MB；STEP7 V5.5，其是西门子 S7-300、S7-400、ET200 编程软件；STEP 7 V11-TIA Portal，其是西门子最新的编程软件，支持的 PLC 有 S7-300、S7-400、S7-1500。

3.4.2 任务实施

1. 工作计划

各小组按照任务书要求和获取的相关技术手册，制定搬运码垛机器人工作站主集成控制系统维护和故障分析与处理的工作方案，并填写搬运码垛机器人工作站主集成控制系统维护和故障分析与处理的工作流程（见表 3.4.1）和材料、工具、器件清单（见表 3.4.2）。

表 3.4.1 搬运码垛机器人工作站主集成控制系统维护和故障分析与处理的工作流程

步骤	工作内容	负责人

表 3.4.2 材料、工具、器件清单

序号	名称	型号和规格	单位	数量	备注

2. 工作实施

按以下步骤实施搬运码垛机器人工作站主集成控制系统的维护任务。

1）准备阶段

（1）搬运码垛机器人工作站系统断电，并在主供电箱内悬挂警示标志。

（2）查阅主集成控制系统维护的相关技术资料，准备工具和劳动防护用品。

2）主集成控制系统维护实施步骤

（1）清洁西门子 1200 PLC 主机和扩展模块。

（2）查看主集成控制系统的电源线和信号线是否破损或接线端子是否松动。

（3）清洁主集成控制系统的开关、按钮等。

3）主集成控制系统故障分析与处理实施步骤

（1）在确保安全的情况下，接通平台电源。

（2）检查西门子 1200 PLC 主机和扩展模块。

（3）测试主集成控制系统的人机交互系统。

（4）检查主集成控制系统的开关、按钮等。

（5）通过编程软件来分析主集成控制系统的故障。

3. 检查验收

根据实训平台主集成控制系统任务要求，按照验收标准对任务完成情况进行检查验收和评价，并填写验收标准及评分表（见表 3.4.3）和验收过程问题记录表（见表 3.4.4）。

表 3.4.3　验收标准及评分表

序号	验收项目	验收标准	分值	教师评分	备注
1	安全规范	正确穿戴工作服、劳保鞋；发型、指甲等符合安全生产要求；工作过程中不佩戴首饰、钥匙、手表等；设备无损害	20		
2	线缆（电源和信号）	线缆没有裸露，布线美观	20		
3	主控 PLC 系统	运行状态正常，线号清晰，表面洁净无污	20		
4	扩展模块	排列规范整齐，表面洁净无污	20		
5	其他电气元件	正常运行，排列规范整齐	20		
	合计		100		

表 3.4.4　验收过程问题记录表

序号	验收问题记录	整改措施	二次验收	备注

4．评价反馈

小组介绍任务分工、工作过程并提交上述验收标准及评分表和验收过程问题记录表。按照表 3.4.5 所示的考核评价表，完成小组自评、组间互评及教师评价，折算后得出该小组的最终成绩。

表 3.4.5　考核评价表

评价项目	评价内容	分值	自评 20%	互评 20%	师评 60%	合计
职业素养（40 分）	安全意识、责任意识、服从意识	10				
	积极参加任务活动，按时完成工作任务	10				
	团队合作、交流沟通能力	10				
	劳动纪律	5				
	现场 6S 标准	5				
专业能力（60 分）	专业资料检索能力	10				
	制订计划能力	10				
	操作符合规范	15				
	工作效率	10				
	任务验收质量	15				
	合计	100				
创新能力（20 分）	创新性思维和行动	20				
	总计	120				
教师签名：			学生签名：			

3.4.3　主控系统

在搬运码垛机器人与 PLC 集成过程中，涉及远程控制。远程启动需要一些硬件设置、系统参数配置、信号设置和变量设置。其中，硬件设置要将 TP 开关置于 OFF，处于非单步执行状态，模式开关打到 AUTO 挡；系统参数配置中，要将[7 专用外部信号]设为启用，[43 远程/本地设定]设为远程；系统信号设置中，UI[1]IMSTP 紧急停机信号为 ON，UI[2]HOLD 暂停信号为 ON，UI[3]SFSPD 安全速度信号为 ON，UI[8]ENABL 使能信号为 ON；系统变量$RMT_MASTER 的设定为 0。当使用 RSR 方式程序选择，并且远程控制条件成立时，只要置位 RSR1~RSR8 中的某一位，即可启动对应的 RSR 程序，当多个位为 ON 时，后置位的选择程序进入排队等候状态。该方式简单直接，但因缺乏确认应答环节，所以安全性较低。

1．RSR 方式控制流程

RSR 方式的启停控制流程分为机器人程序 RSR****功能编写和机器人设置两个步骤。注意：机器人 RSR 程序名为 7 位，即 RSR+4 位数字，其中 4 位数字=[RSR 基数+RSR 登录号码]，不足 4 位时在前面补 0，如 RSR0005。

机器人设置：UI【1-20】对应 DI【101-120】，由于 RSR 没有实质的机器人反馈信号，所以这里UO不需要用到，省略分配。

机器人程序选择：RSR方式。机器人系统参数设置：RSR方式，远程控制，外部信号启用等。关TP，AUTO挡。

外部设备操作：外部设备发送初始化命令，UI【1】、UI【2】、UI【3】、UI【8】均为ON；外部设备选择RSR*发出程序选择与启动命令，UI【*】=ON机器人正式启动程序；外部设备发送停止命令，UI【6】=OFF机器人停止运行。

扫一扫看例题1的解答

【实例1】通用FANUC工业机器人的CRMA15 I/O板进行RSR方式的启停控制，要求如下。

按下RSR1对应的SB1按钮时启动RSR0001程序，机器人完成从初始状态到抓取点轨迹；按下RSR2对应的SB2按钮时启动RSR0002，机器人完成从抓取点至放置点轨迹；按下RSR3对应的SB3按钮时启动RSR0003程序，机器人复位，回到Home点。具有多个程序排队执行的功能，先后按下SB1按钮和SB2按钮，机器人依次运行RSR0001和RSRO002这两个程序；具有停止运行功能，在运行过程中，按下停止按钮SB4，机器人立即中止所有运行程序和排队等候的程序，若此时按下继续运行按钮SB6，机器人继续运行当前停止的程序，但所有排队程序不再执行；具有暂停和再继续运行的功能，在运行过程中，按下暂停按钮5B5，机器人立即暂停运行程序和排队等候的程序，若此时按下继续运行按钮SB6，机器人继续运行当前停止的程序和所有排队程序。

2. PNS方式控制流程

PNS方式的启停控制流程分为机器人程序PNS****功能编写和机器人设置两个步骤。机器人设置：UI【1-18】对应DI【101-118】，UO【1-20】对应DO【101-120】。

机器人程序选择：PNS方式，设定基数。机器人系统参数设置：PNS方式，远程控制，外部信号启用等。关TP，AUTO挡。

外部设备操作：外部设备发送初始化命令，UI【1】、UI【2】、UI【3】、UI【8】均为ON；外部设备选择PNS1~PNS8状态，并发出程序选择命令PNSTROBE UI【17】=ON机器人选择相应程序，并发出反馈信号SNACK（UO【19】）信号和SNO1（U0【9】）~SNO8（UO【16】）；外部设备根据反馈信号确认是否启动机器人程序，如果需要启动，那么发送启动信号PROD_START（UI【18】），机器人启动已经选定的程序；外部设备发送停止、暂停、暂停后重启等命令，机器人进行相应的启停运动。

扫一扫看例题2的解答

【实例2】通用FANUC工业机器人的CRMA15 I/O板进行PNS方式的启停控制，要求如下。

仅PNS1开关=ON时选择PNS0101程序，机器人完成从初始状态到抓取点轨迹；仅PNS2开关=ON时选择PNS0102程序，机器人完成从抓取点至放置点轨迹；PNS1开关=ON，PNS2=ON时选择PNS0103程序，机器人复位，回到Home点。按下启动询问按钮（PNSTROBE UI【17】），机器人发出反馈信号SNACK UO【19】，即指示灯点亮（点亮时间可设定）；按下启动按钮（PROD_STARTUI【18】），机器人启动已经选定的程序。具有停止运行功能，在运行过程中，按下停止按钮SB4，机器人立即中止运行程序；具有暂停和再继续运行的功能，在运行过程中，按下暂停按钮SB5，机器人立即中止运行程序，若此时按下继续运行按钮SB6，机器人继续运行当前停止的程序。

3. PLC 外部轴控制技术

伺服电机又称执行电动机，它是控制电动机的一种。它是一种用电脉冲信号进行控制，并将脉冲信号转变成相应的角位移或直线位移和角速度的执行元件。伺服电机驱动器可提供多种操作模式，包括位置控制模式、速度控制模式和转矩控制模式，通过设定参数，进行模式选择。这里主要采用位置回路进行定位控制。PLC 作为上位控制器，输出脉冲信号，经 CN1 端子输入到驱动器来实现位置控制，编码器经 CN2 端子输入到驱动器来实现位置反馈，形成整个系统的闭环控制。通过电子齿轮比可以定义输入到本装置的单位脉冲命令，使传动装置移动任意距离。上位控制器（PLC）所产生的脉冲命令不需要考虑传动系统的齿轮比、减速比或是伺服电机编码器脉冲参数。

西门子 PLC S7-1200 进行机器人外部轴控制。检查配线，确认伺服电机驱动器电源与控制信号配线是否正确。设定电子齿轮比，依据伺服电机编码器规格与外部轴应用规格，设定所需的位置控制参数电子齿轮比 Pn302～Pn306。激活伺服电机，将伺服激活接点（SON）接至低电位，激活伺服电机。确认伺服电机转向、速度与圈数。

由上位控制器输出低速脉冲命令，使伺服电机进行低速运转，进而下达圈数命令，对比状态参数 Un-14 伺服电机旋转圈数与状态参数 Un-16 脉冲命令旋转圈数。若发现实际伺服电机反馈不正确，则调整位置控制参数电子齿轮比 Pn302～Pn306。请反复确认，直到正确为止。若伺服电机转向不正确，则确认位置控制参数，脉冲命令形式选择 Pn301.0，命令方向定义为 Pn314。设定完成后，将伺服激活接点（SON）接至高电位，关闭伺服电机。

4. PLC 与变频器

扫一扫看博图软件伺服驱动参数的设定

变频器是把工频电源（50Hz 或 60Hz）变换成各种频率的交流电源，以实现电动机变速运行的设备。变频器主要由整流（交流变直流）、滤波、逆变（直流变交流）、制动单元、驱动单元、检测单元、微处理单元等组成。变频器靠内部 IGBT 的开断来调整输出电源的电压和频率，根据电动机的实际需要来提供其所需要的电源电压，进而达到节能、调速的目的。另外，变频器还有很多保护功能，如过流、过压、过载保护等。随着工业自动化程度的不断加深，变频器也得到了广泛应用。变频器运转方式主要有外部信号操作和数字操作器两种，产品出厂设定为数字操作器运转方式。变频器手动调试步骤如下。

扫一扫看变频器技术文档

（1）根据变频器标准配线图完成手动接线。

① R、S、T 分别接 L1、L2、L3 三相电源。

② U、V、W 分别接三相异步电动机的输入端。

③ 多功能输入端子 M0～M5 分别接机器人 CRMA15 板接口的 33#～38#。

（2）设置变频器参数：P00=00，表明主频率输入由数字操作器控制；P01=01，表明运转指令由外部端子控制。

（3）设置变频器主频率为 30Hz，使传送带中速运转。

（4）打开机器人示教器，依次进行以下操作：按下【MENU】——选择“5I/0”——按下 F1 【TYPE】——选择“3 数字/0”，打开 DO 一览页面。设置 DO【101】=ON，电动机正转，带动传送带中速传输物料；设置 DO【101】=OFF，电动机停止；设置 DO【102】

=ON，电动机反转，带动传送带中速反向传输物料。

(5) 改变变频器主频率依次操作 DO【101】或 DO【102】的值，观察传送带的运转速度。

3.4.4 主控制器故障诊断与维护

1. 主控制器电气故障诊断

电气设备故障具有必然性，尽管对电气设备采取了日常维护及定期校验检修等有效措施，但仍不能保证电气设备长期正常运行而永不出现电气故障。电气设备在运行过程中，常常受到许多不利因素的影响，因此加强日常维护和检修可使电气设备在较长时间内不出或少出故障。

没有外表特征的故障。这一类故障是控制线路的主要故障。线路越复杂，出现这类故障的机会也越多。这类故障虽小但经常碰到，由于没有外表特征，要寻找故障发生点，常需要花费很多时间，有时还需要借助各类测量仪表和工具才能找出故障点，一旦找出故障点，往往只需简单地调整或修理就能立即恢复设备的正常运行，所以能否迅速地查出故障点是检修这类故障时能否缩短时间的关键。一般故障发生的位置主要有电源、线路和元器件。

2. 控制器电气系统维护

扫一扫看工作站电气系统日常维护教学课件

(1) 控制柜洁净，四周无杂物。控制柜周边保留足够的空间与位置，以便于操作与维护。

(2) 保持通风良好。对电气元件来说，保持一个合适的工作温度是非常重要的。如果使用环境的温度过高，就会触发控制器的保护机制而报警。如果不处理，持续长时间高温运行就会损坏电气相关的模块与元件。

(3) 检查按钮/开关功能。在实际工作中会使用周边的配套设备，一般要使用按钮/开关实现功能的使用。在开始作业前，要进行机器人和周边设备的按钮/开关的检查与确认。

(4) 校验热继电器，看其是否能正常动作。校验结果应符合热继电器的动作特性。

(5) 校验时间继电器，看其延时时间是否符合要求。如果误差超过允许值，那么应重新调整或修理，使之重新达到要求。

3. 断电检查

检查前先断开总电源，然后根据故障可能产生的部位逐步找出故障点。①除尘和清除污垢，消除漏电隐患。②检查各元器件导线的连接情况及端子的锈蚀情况。③检查自然磨损和疲劳磨损的弹性件及电接触部件的情况。④检查活动部件有无生锈、污物、油泥干涸和机械操作损伤。

对于以前检修过的电气控制系统，还应检查更换的元器件型号和参数是否符合原电路的要求，连接导线型号是否正确，接法有无错误，其他导线、元器件有无移位、改接和损伤等。

在完成以上检查后，应将检查出的故障立即排除，这样就会消除漏电、接触不良和短路等故障或隐患，使系统恢复原有功能。

4. 通电检查

若断电检查没有找出故障，可对设备做通电检查。

（1）检查电源。用万用表检查电源电压是否正常，有无缺相或严重不平衡的情况。

（2）检查电路。电路检查的顺序如下。

先检查控制电路，后检查主电路。

先检查辅助系统，后检查主传动系统。

先检查交流系统，后检查直流系统。

先检查开关电路，后检查调整系统。

此外，也可按照电路动作的流程，先断开所有开关，取下所有的熔断器，再从后向前逐一插入要检查部分的熔断器，合上开关，观察各元器件是否按要求动作，这样逐步进行下去，直至查出故障部位。

通电检查时，也可根据控制电路的控制旋钮和可调部分判断故障范围。由于电路都是分块的，各部分相互联系，但又相互独立，因此可根据这一特点，先按照可调部分是否有效、调整范围是否改变、控制部分是否正常及相互之间的联锁关系能否保持等，大致确定故障范围。然后根据关键点的检测，逐步缩小故障范围，最后找出故障元器件。

任务 3.5　工作站液压系统故障诊断与维护

扫一扫看液压系统故障分析及处理教学课件

3.5.1　布置任务

1．学习任务描述

在搬运码垛机器人工作站中，随着机器人技术的发展，其应用领域越来越广泛。机械系统中有时也会用到液压系统。因此，懂得液压系统的维护显得尤为重要。

2．学习目标

（1）通过信息查询液压系统在搬运码垛机器人工作站中的应用。

（2）掌握液压系统的基本组成。

（3）通过小组合作，完成液压系统的故障诊断与维护任务。

3.5.2　液压系统

扫一扫看液压系统元件认识与常见故障教学课件

1．液压系统组成

液压系统是利用各种元器件有机组成所需要的控制回路，能够完成一定控制功能的传动系统。液压传动由于在功率质量比、无级调速、自动控制、过载保护等方面的独特技术优势，使它在各个行业中得到广泛应用。特别是新型液压系统和元器件中具有的计算机技术、机电一体化技术和优化技术使液压传动正向着高压、高速、大功率、高效、低噪声、低能耗、经久耐用、高度集成化的方向发展。液压传动系统共由动力装置、执行装置、控制调节装置、传动介质和辅助装置五个部分组成。

2．液压系统故障分析

液压系统在工作中发生故障的原因很多，主要在于设计、制造、使用及液压油污染等方面存在故障根源。在液压元器件故障中，液压泵的故障率最高，约占液压元器件故障率的30%，所以要引起足够重视。另外，由于工作介质选用不当和管理不善而造成的液压系统故障也非常多。在液压系统的全部故障中，有70%～80%是由液压油污染引起的，而在液压油引起的故障中约有90%是杂质造成的。剩下的10%便是液压油在正常使用条件下的自然磨损、老化、变质而引起的故障。杂质对液压系统十分有害，它能加剧元器件磨损、泄漏增加、性能下降、寿命缩短，甚至导致元器件损坏和系统失灵。

液压系统的使用或维护不当，不仅会增加设备故障率，还会降低设备的使用寿命。使用或维护不当产生的故障是非常多的，一些重大事故也往往是在使用或维护过程中产生的，所以要加强液压技术培训，了解设备的功能、工作原理、注意事项，同时在使用过程中严格执行操作规程，按使用说明书进行操作。

3．液压系统故障诊断步骤

第一步：核实故障现象或征兆。鉴于液压系统故障的复杂性和隐蔽性，首先必须核实故障的现象或征兆。

第二步：确定故障诊断参数。液压系统的故障均属于参数型故障，可通过测量参数提取有用的故障信息。

第三步：分析确定故障可能产生的位置和范围。对所检测的结果，对照液压系统原理图进行分析，符合构造原理和系统原理，确保故障诊断的准确性，减少误诊。

第四步：制定合理的诊断过程和诊断方法。

第五步：选择诊断用的仪器仪表。诊断用的仪器仪表有光电数字转速表、温度表、秒表、压力表、液压检测仪、各型接头等。

第六步：排除故障，使设备正常工作。

第七步：整理材料，总结经验。记载归档的目的是提高处理故障的效率，并且防止相同的故障再次发生。

3.5.3　液压系统故障诊断方法

1．参数测量法

一个液压系统工作是否正常，关键取决于液压系统的主要工作参数，即压力和流量是否处于正常的工作状态，以及系统温度、泵组功率等重要辅助参数是否正常。液压设备在一定的工况下，每个部位都有一定的稳态值。只要测得液压系统检测点的工作参数，如温度压力、流量、泄漏量及功率等，将其与系统工作正常值相比较，即可判断系统是否发生故障及故障的所在部位。

2．对比替换检查法

这是一种在缺乏测试仪器时检查液压系统故障的一种有效方法，有时应结合替换法进行。用两台型号、性能参数相同的机械进行对比试验，从中查找故障。试验过程中可先对机械的可疑元器件用新的或完好机械的元器件进行代换，再开机试验，若性能变好，则故障即知。

否则，可继续用同样的方法或其他方法检查其余部件。

3．逻辑诊断法

逻辑诊断法把系统划为多个功能单元进行分析，逐渐逼近发生故障的部位，找出产生故障的原因，然后检修。逻辑诊断法是根据液压系统特点，分析诊断对象的逻辑关系、系统参数及系统分布结构，以控制源头为基础的诊断方法。为了避免盲目查找故障，工程技术人员必须根据液压系统的基本原理进行逻辑分析，减少可疑对象，逐步逼近。系统逻辑诊断内容如表 3.5.1 所示。

表 3.5.1　系统逻辑诊断内容

元器件	故障判断	逻辑分析
泵	无	故障仅出现在回程，若泵有故障则应影响往返行程
吸油口过滤器	无	同泵
安全阀	无	如果系统调定压力过低，就会造成液压缸不动作，但不会造成回路的压力延迟（适当提高其调定值，故障仍不能排除）
电磁阀	无	如果不能吸合到位，那么会造成流量不足，而不是时间延迟
液压缸	无	密封可能损坏（但活塞伸出运行正常，说明活塞与缸筒间的密封尚可，活塞杆与缸筒间的密封可通过有无外泄判断）；外部导轨松动（检查联结部分）；活塞与活塞杆分离（拆卸检查）

3.5.4　液压系统常见故障与维护

扫一扫看工业机器人液压系统日常维护教学课件

1．液压系统振动与噪声故障诊断与维护

液压系统的振动与噪声主要来自两方面：机械振动与噪声和流体振动与噪声。振动与噪声降低了设备的生产效率和生产质量，严重时会损坏设备，影响液压系统的工作性能，缩短液压元器件的使用寿命。

1）机械振动的原因

（1）回转零件的不平衡。液压系统中的电动机、液压泵等在高速旋转时，如果转动部分不平衡就会产生周期性的不平衡离心力，引起轴的弯曲振动，产生噪声。

（2）万向节引起的振动与噪声。万向节是液压系统的主要机械连接部件。如果万向节选用不当就会产生很大的振动。液压泵传动轴不能承受径向力和轴向力，因此不允许在轴端直接安装带轮、齿轮、链轮，通常用万向节连接驱动轴和泵传动轴。万向节柱销松动未及时紧固、橡胶圈磨损未及时更换等也会引起振动与噪声。

（3）管路及阀和油箱引起的振动。管路不是振动源，它的振动是受其他部件的振动所引起的。当管路的固有频率与振动源频率相同时，管路产生共振，也会引起其他部件振动。油箱本身也产生振动，但由于液压泵和电动机直接装在油箱上，因此它们的振动会导致油箱产生共振，使它们的振动进一步扩大，或液压油在油箱中形成涡流而产生振动等。

2）降低液压系统振动与噪声的措施

（1）设计时选用低噪声电动机、低噪声泵及元器件，并使用弹性万向节，降低泵的转速。

（2）采用上置式油箱，改善泵吸油阻力，排除系统空气，设置泄压回路，延长阀的换向时间，使换向阀芯带缓冲锥度或切槽，采用滤波器，加大管径等。

（3）用蓄能器和橡胶软管，减少由压力脉动引起的振动。蓄能器能吸收 10Hz 以下的噪声，而液压软管对高频噪声有效。

（4）采用平衡电动机转子，在电动机、液压泵和液压阀的安装面上设置防振胶垫，更换电动机轴承等方法进行维修。

（5）安装液压泵与电动机万向节时要求二者有较高的同心度。

3）系统泄漏故障诊断与维护

系统泄漏分为内漏和外漏，根据泄漏程度又分为油膜刮漏、渗漏、滴漏、喷漏等多种表现形式。油膜刮漏发生在相对运动部件之间，如回转体的滑动副、往复运动副；渗漏发生在端盖阀板接合处；滴漏多发生在管接头等处；喷油多发生在管子破裂漏装密封处。

故障原因如下。

（1）密封件质量不好、装配不正确而破损、使用时间长而老化变质、与工作介质不相容等原因造成密封失效。

（2）相对运动副磨损使间隙增大、内泄漏增大，或者配合面拉伤而产生内外泄漏。

（3）油温太高。

（4）系统使用压力过高。

（5）密封部位尺寸设计不正确、加工精度不良、装配不好产生内外泄漏。

维护方法如下。

（1）更换质量好的密封件。

（2）调整相对运动副间隙，使它们的配合间隙在正常值。

（3）加强冷却，使油温维持在合适温度。

（4）调节系统压力至正常压力。

（5）重新设计、制造和装配密封件。

3.5.5 液压缸故障诊断与维护

1. 液压缸的拆装

用勾扳子把耳轴的锁母松开，把活塞杆退出耳轴。用勾扳子松开缸盖并退出。活塞杆连同活塞、导向套一同退出。用外圆弹簧卡钳把活塞杆上的弹簧卡子拆下。取下套环和卡键就可以把活塞取下。检查密封圈是否能使用，若不能使用则及时更换。所有拆卸件经过煤油清洗后，将损坏件和易损件（密封环等）更换后按逆向顺序完成组装。

2. 液压缸的拆装注意事项

拆卸液压缸时的注意事项如下。

（1）液压缸的拆卸要在洁净的环境下进行，防止被周围的灰尘、杂质等污物污染。拆卸后的零件要做防尘保护。

（2）拆卸前要放掉液压缸两腔的油液。

（3）拆卸时要按顺序进行。由于各种液压缸结构形式不尽相同，拆卸顺序也稍有不同。一般应先拆卸缸盖，然后拆卸活塞与活塞杆。在拆卸液压缸的缸盖时，对于内卡键式连接的

卡键或弹性挡圈要使用专用工具，禁止使用扁铲；对于法兰式端盖必须用螺钉顶出，不允许锤击或硬撬。在活塞和活塞杆难以抽出时，不要强行打出，要先查明原因，再进行拆卸。

（4）拆卸后要认真检查，以确定哪些零件可以继续使用，哪些零件需要维修。

3．液压缸的常见故障与维护

排除液压缸不能正常工作的故障时，可参考以下内容。

（1）明确液压缸在启动时产生的故障性质。例如，运动速度不符合要求，输出的力不合适，没有运动，运动不稳定，运动方向错误，动作顺序错误，爬行等。无论出现哪种故障，都可归结到一些基本问题上，如流量、压力、方向、受力情况等方面。

（2）列出对故障可能发生影响的元器件目录。例如，缸速太慢，可以认为是流量不足所致，此时应先列出对液压缸的流量造成影响的元器件目录，然后分析是否为流量阀堵塞或不畅、液压缸本身泄漏、压力控制阀泄漏过大等，有重点地进行检查试验，对不合适的元器件进行修理或更换。

（3）如果有关元器件均无问题，各油段的液压参数也基本正常，则应进一步检查液压缸自身的因素。液压缸的常见故障、产生原因及维护方法如表 3.5.2 所示。

表 3.5.2　液压缸的常见故障、产生原因及维护方法

故障现象	原因分析			维护方法
活塞杆不能动作	压力不足	油液未进入液压缸	换向阀未换向	检查换向阀未换向的原因并排除
			系统未供油	检查液压泵和主要液压阀的原因并排除
		有油，但没有压力	系统有故障，主要是泵或溢流阀有故障	更换泵或溢流阀，查出故障原因并排除
			内部泄漏，活塞与活塞杆松脱，密封件损坏严重	将活塞与活塞杆紧固牢靠，更换密件
		压力达不到规定值	密封件老化、失效，唇口装反或有破损	检查泵密封件，并正确安装
			活塞杆损坏	更换活塞环
			系统调定压力过低	重新调整压力，达到要求值
			压力调节阀有故障	检查原因并排除
			压力调速阀的流量过小，因液压缸内泄漏，当流量不足时，压力也会不足	调速阀的通过流量必须大于液压缸的泄漏量
	压力已达到要求，但仍不动作	液压缸结构上的问题	活塞端面与缸筒端面紧贴在一起，工作面积不足，不能启动	端面上要加一条通路，使工作油液流向活塞的工作端面，缸筒的进出油口应与接触表面错开
			具有缓冲装置的缸筒上单向回路被活塞堵住	排除
		活塞杆移动“别劲”	缸筒与活塞，导向套与活塞杆的配合间隙过小	检查配合间隙，并配研到规定值
			活塞杆与夹布胶木导向套之间的配合间隙过小	检查配合间隙，修配导向套孔，达到要求的配合间隙
			液压缸装配不良，如活塞杆、活塞和缸盖之间的同轴度差、液压缸与工作平台的平行度差	重新装配和安装，更换不合格零件

续表

故障现象	原因分析			维护方法
活塞杆不能动作	压力已达到要求，但仍不动作		液压回路引起的：主要是液压缸背腔油液未与油箱相通，回油路上的调速流口调节过小或换向阀未动作	检查原因并消除
速度达不到规定	内泄漏严重		密封件破损严重	更换密封件
			油的黏度太低	更换适宜黏度的液压油
			油温过高	检查原因并排除
	外载过大		设计错误，选用压力过低	核算后更换元器件，调大工作压力
			工艺和使用错误，造成外载比预定值大	按设备规定值使用
	活塞移动时“别劲”		加工精度差、缸筒孔锥度和圆度差	检查零件尺寸，更换无法修复的零件
		装配质量差	活塞、活塞杆与缸盖之间的同轴度差	按要求重新装配
			液压缸与工作平台的平行度差	按要求重新装配
			活塞杆与导向套的配合间隙小	检查配合间隙。修配导向套孔，达到要求的配合间隙
	脏污进入滑动部位		油液过脏	过滤或更换油液
			防尘圈破损	更换防尘圈
			装配时未清洗干净或带入脏物	拆开清洗，装配时要注意清洁
	活塞在端部行程速度急剧下降		缓冲节流阀的节流口调节过小，在进入缓冲行程时，活塞可能停止或速度急剧下降	缓冲节流阀的开口度要调节适宜，并能起缓冲作用
			固定式缓冲装置中节流孔直径过小	适当加大节流孔直径
			缸盖上固定式缓冲节流环与缓冲柱塞的间隙小	适当加大间隙
	活塞移动到中途速度较慢或停止		缸壁内径加工精度差，表面粗糙，使内卸量增大 缸壁发生胀大，当活塞通过增大部位时，内泄量增大	修复或更换缸筒 更换缸筒
液压缸爬行	液压缸活塞杆运动“别劲”	液压缸结构上的问题	活塞端面与缸筒端面紧贴在一起，工作面积不足，不能启动	端面上要加一条通油槽，使工作液体迅速流进活塞的工作端面，缸筒的进出油口位置应与活塞端面错开
			具有缓冲装置的缸筒上单向回路被活塞堵住	排除
		活塞杆移动“别劲”	缸筒与活塞，导向套与活塞杆的配合间隙过小	检查配合间隙，并配研到规定值
			活塞杆与夹布胶木导向套的配合间隙过小	检查配合间隙，修配导向套孔，达到要求的配合间隙
			液压缸装配不良（如活塞杆、活塞和缸盖之间的同轴度差、液压缸与工作平台的平行度差）	重新装配和安装，更换不合格零件
			液压回路引起的：主要是液压缸背压腔油液未与油箱相通，回油路上的调速阀节流口调节过小或连通回油的换向阀未动作	检查原因并消除

续表

<table>
<tr><th>故障现象</th><th colspan="3">原因分析</th><th>维护方法</th></tr>
<tr><td rowspan="5">液压缸爬行</td><td rowspan="5">液压缸内进入空气</td><td colspan="2">新液压缸、修理后的液压缸或设备停止时间过长的液压缸，液压缸内有气或液压缸管道中排气不净</td><td>空载大行程往复运动，直到把空气排完</td></tr>
<tr><td colspan="2">液压缸内部形成负压，从外部吸入空气</td><td>先用油脂封住结合面和接头处，若吸空情况有所好转，则将螺钉及接头紧固</td></tr>
<tr><td colspan="2">从液压缸到换向阀之间的管道容积比液压缸容积大得多，当液压缸工作时，这段管道中的油液未排完，所以空气也很难排完</td><td>可在靠近液压缸管道的最高处加排气阀，活塞在全行程情况下运动多次，把气排完后，再把排气阀关闭</td></tr>
<tr><td colspan="2">泵吸入空气</td><td>拧紧泵的吸油管接头</td></tr>
<tr><td colspan="2">油液中混入空气</td><td>液压缸排气阀放气，或换油（油质本身欠佳）</td></tr>
<tr><td rowspan="14">缓冲装置故障</td><td rowspan="4">缓冲作用过度</td><td colspan="2">缓冲节流阀的节流开口过小</td><td>将节流口调节到合适位置并紧固</td></tr>
<tr><td colspan="2">缓冲柱塞“别劲”，如柱塞头与缓冲间隙太小，活塞倾斜或偏心</td><td>拆开清洗，适当加大间隙，对不合格的零件应更换</td></tr>
<tr><td colspan="2">在斜柱塞头与缓冲环之间有脏物</td><td>修去毛刺并清洗干净</td></tr>
<tr><td colspan="2">固定式缓冲装置柱塞头与衬套的间隙太小</td><td>适当加大间隙</td></tr>
<tr><td rowspan="8">失去缓冲作用</td><td colspan="2">缓冲调节阀处于全开状态</td><td>调节到合适位置并紧固</td></tr>
<tr><td colspan="2">惯性大</td><td>应设计合适的缓冲机构</td></tr>
<tr><td colspan="2">缓冲节流阀不能调节</td><td>修复或更换</td></tr>
<tr><td colspan="2">单向阀处于全开状态或单向阀阀座封不严</td><td>检查尺寸，更换锥阀芯和钢球，更换弹簧，并配研修复</td></tr>
<tr><td colspan="2">塞上的密封件破损，当缓冲腔压力高时，工作液体从此腔倒向工作压力腔，故活塞不减速</td><td>更换密封件</td></tr>
<tr><td colspan="2">柱塞头或衬套内表面有伤痕</td><td>修复或更换</td></tr>
<tr><td colspan="2">镶在缸盖上的缓冲环脱落</td><td>修理换新缓冲环</td></tr>
<tr><td colspan="2">缓冲柱塞锥面长度与角度不对</td><td>修正</td></tr>
<tr><td rowspan="2">缓冲行程出现爬行</td><td colspan="2">加工不良，如缸盖、活塞端面不符合要求，在全长上活塞与缸筒的间隙不均匀，缸盖与缸筒不同轴；缸筒内径与缸盖中心线偏大，活塞与螺母端面垂直度不符合要求，造成活塞杆弯曲等</td><td>对每个零件均仔细检查，不合格的零件不许使用</td></tr>
<tr><td colspan="2">装配不良，如缓冲柱塞与缓冲环相配合的孔有偏心或倾斜等</td><td>重新装配，确保质量</td></tr>
<tr><td rowspan="6">有泄漏</td><td rowspan="6">装配不良</td><td colspan="2">液压缸装配时端盖装偏，活塞杆与缸筒定心不良，使活塞杆伸出困难，加速密封件磨损</td><td>拆开检查，重新装配</td></tr>
<tr><td colspan="2">液压缸与工作台导轨面平行度差，使塞杆伸出困难，加速密封件磨损</td><td>拆开检查，重新安装，并更换密封件</td></tr>
<tr><td colspan="2">密封件安装差错，如密封件划伤、切、密封唇装反，唇口破损或轴倒角尺寸不对，装错或漏装</td><td>更换并重新安装密封件</td></tr>
<tr><td rowspan="3">密封件压盖未装好</td><td>压盖安装有偏差</td><td>重新安装</td></tr>
<tr><td>紧固螺钉受力不均</td><td>拧紧螺钉并使之受力均匀</td></tr>
<tr><td>紧固螺钉过长，使压盖不能压紧</td><td>按螺孔深度合理选配螺钉长度</td></tr>
</table>

续表

故障现象	原因分析			维护方法
有泄漏	密封件质量不佳	保管期太长，自然老化失效		更换密封件
		保管不良，变形或损坏		
		胶料性能差，不耐油或胶料与油液相性差		
		制品质量差，尺寸不对，公差不符合要求		
	活塞杆和加工质量差	活塞杆表面粗糙，活塞杆头上的倒角不符合要求或未倒角		表面粗糙度应为 $Ra=0.2\mu m$，并按要求倒角
		沟槽尺寸及精度不符合要求	设计图样有错误	按有关标准设计沟槽
			沟槽尺寸加工不符合标准	检查尺寸，并修正到要求尺寸
			沟槽精度差，毛刺多	修正并去毛刺
	油的黏度过低	用错了油品		更换合适的油液
		油液中渗有乳化液		
	油温过高	液压缸进油口阻力太大		检查进油口是否通畅
		周围环境温度太高		采取隔热措施
		泵或冷却器有故障		检查原因并排除
	高频振动	紧固螺钉松动		应定期紧固螺钉
		管接头松动		应定期紧固管接头
		安装位置变动		应定期紧固安装螺钉
	活塞杆拉伤	防尘圈老化、失效		更换防尘圈
		防尘圈内侵入砂粒、切屑等脏物		清洗更换防尘圈，修复活塞杆表拉伤处

3.5.6 液压马达故障诊断与维护

液压马达的常见故障、产生原因及维护方法如表3.5.3所示。

表3.5.3 液压马达的常见故障、产生原因及维护方法

故障现象	原因分析	维护方法
转速过低和扭矩小	液压泵供油量不足	分析液压泵供油不足的原因
	液压泵输出油压不足	分析液压泵压力不足的原因
	液压马达自身原因：结合面的连接螺栓没有拧紧或密封不良引起泄漏	检查拧紧结合面的连接螺栓，检查并更换封圈
	液压马达自身原因：内部零件磨损，泄漏严重	检查磨损部位，修理或更换损坏的零件
	轴向柱塞液压马达的弹簧疲劳，导致缸体配流盘贴合面泄漏增大	检查或更换支撑弹簧
噪声大	万向节不同心	校正万向节
	液压油液污染	更换洁净的液压油
	管路连接松动，有空气侵入液压马达内部	检查并紧固各连接处、检查并更换损坏的密封件
	液压油黏度过大	更换黏度较小的液压油
	轴向柱塞马达的柱塞与缸孔磨损严重，间隙增大	修理缸孔，重配柱塞
	叶片马达中，叶片的两侧或顶部磨损	修复或更换叶片

续表

故障现象	原因分析	维护方法
噪声大	叶片马达的叶片与定子接触不良，引起冲击现象	检查叶片、定子及叶片底部的弹簧，修理或更换
	叶片马达的定子磨损	修复或更换定子。若叶片底部的弹簧刚度太大，则应更换刚度较小的弹簧
马达内泄漏严重	齿轮马达的轴向间隙过大	检查调整轴向间隙
	叶片马达的配流盘磨损严重或轴向间隙过大	检查配流盘的磨损情况并修复，调整轴向间隙
	柱塞马达的缸体与配流盘磨损严重	修复配流盘及缸体端面
	柱塞马达的缸体与柱塞磨损严重，导致配合间隙过大	修磨缸孔、重配柱塞
	油液温升过高、黏度低	检查温控组件并调节；若无温控组件，则更换液压油
马达外泄漏严重	轴端密封装置损坏	检查并更换密封圈
	端盖处的密封装置损坏	检查并更换密封圈
	结合面有污物或连接螺栓未拧紧	清除污物、拧紧螺栓
	管接头松动、密封不严	检查并拧紧连接螺栓
马达转速过高	驱动液压泵的原电动机转速过高，导致供油流量大	更换或调整
	变量泵的流量设定过大	调节变量泵使其流量合理
	流量控制阀的通流面积调节过大	调节流量控制阀使其通流面积合理

3.5.7 液压控制阀故障诊断与维护

1．单向阀的故障诊断与维护

在液压系统中，单向阀的应用很广泛，常用在液压泵的口，防止液压油倒流，也用于隔开油路之间的联系，防止油路互相干扰，还可用作背压阀、旁通阀。

在选用单向阀时，除了根据需要合理选择开启压力，还应特别注意工作时，通过单向阀的流量要与额定流量相匹配。因为当通过单向阀的流量比额定流量小很多时，单向阀有时会产生振动，流量越小，开启压力越高，油液中含气量越多，越容易产生振动；安装时认清进出口方向，不能装错，以免影响系统的正常工作。特别是在泵的出口安装单向阀时更应注意，若单项阀的进口、出口装反，可能会损坏液压泵或烧坏电动机。

普通单向阀的常见故障、产生原因及维护方法如表 3.5.4 所示。

表 3.5.4　普通单向阀的常见故障、产生原因及维护方法

故障现象	故障原因	维护方法
发生异常声音	油的流量超过允许值	更换流量大的阀
	与其他阀共振	可略微改变阀的稳定压力，也可调试弹簧的强弱
	在卸压单向阀中，用于立式大液压缸等回路，没有卸压装置	补充卸压装置回路

续表

故障现象	故障原因	维护方法
阀与阀座有严重泄露	阀座锥面密封不好	重新研配
	滑阀或阀座拉毛	重新研配
	阀座碎裂	更换并研配阀座
单向阀失效	阀体孔变形，使滑阀在阀体内咬住	修研阀体孔
	滑阀配合时有毛刺，使滑阀不能正常工作	修理，去毛刺
	滑阀变形胀大，使滑阀在阀体内咬住	修研滑阀外径
结合处渗漏	螺钉或管螺纹未拧紧	拧紧螺钉或管螺纹

2．液控单向阀故障诊断与维护

应保证控制压力足够大，能使液控单向阀正常反向开启；应根据液控单向阀在系统中的作用、安装位置，以及液流反向开启时出油腔的液流阻力（背压）大小，合理选择液控单向阀的结构形式；用两个液控单向阀或一个双单向液控单向阀实行液压缸锁紧的液压回路中；工作时系统流量应与液控单向阀的额定流量相匹配；认清主油口的正方向和反方向，以及控制油口和卸油口，以免装错。液控单向阀的常见故障、产生原因及维护方法如表3.5.5所示。

表3.5.5　液控单向阀的常见故障、产生原因及维护方法

故障现象	故障原因			维护方法
油液不逆流	单向阀打不开	控制压力过低		提高控制压力，使之达到要求
		控制管路接头漏油严重，管道弯曲或被压扁使油不通畅		紧固接头，消除漏油或更换油管
		控制阀芯卡死（如加工精度低，油液过脏）		清洗修配，使阀芯灵活
		控制阀端盖处漏油		紧固端盖螺栓，并保证拧紧力矩均匀
		单向阀卡死（如弹簧弯曲，单向阀加工精度低，油液过脏）		清洗、修配，使阀芯移动灵活；更换弹簧；过滤或更换油液
		控制滑阀泄漏腔、泄漏孔被堵（如泄漏孔处泄漏管未接，泄漏管被压扁，泄漏不通畅，泄漏管错接在压力管路上）		检查泄漏管路，泄漏管应单独回油箱
逆方向不密封，有泄漏	逆流时单向阀不密封	单向阀在全开位置上卡死	阀芯与阀孔 配合过紧	修配，使阀芯移动灵活
			弹簧弯曲、变形、太弱	更换弹簧
		单向阀锥面与阀座锥面接触不均匀	阀芯锥面与阀座的同轴度差	检修或更换
			阀芯外径与锥面的同轴度差	检修或更换
			阀座外径与锥面的同轴度差	检修或更换
			油液过脏	过滤油液或更换
		控制阀芯在顶出位置上卡死		修配达到移动灵活
		预控锥阀接触不良		检查原因并排除
噪声	阀选用错误	通过阀的流量超过允许值		更换适宜的规格
	共振	和其他阀发生共振		更换弹簧，消除共振

项目小结

本项目以 FANUC 工业机器人的搬运码垛机器人工作站为例，介绍了 FANUC 工业机器人电气控制柜的组成和示教器的使用及搬运码垛机器人工作站的主控系统和液压系统。本项目重点介绍了搬运码垛系统、液压系统和主控系统的故障诊断与维护，为后续处理类似的搬运码垛机器人工作站的故障诊断与维护打下了基础。

练习题 3

1．简述液压系统与气压系统的区别与联系。

2．简述液压系统的基本组成。

3．简述液压系统在搬运码垛机器人工作站中所起到的作用。

4．在搬运码垛机器人工作站主集成控制系统的维护中，有哪些检测内容需要在通电情况下完成？

5．主控 PLC 系统与扩展模块是如何连接的？地址是如何分配的？

6．FAUNC 机器人支持哪种通信协议？与 PLC 如何集成？

7．写出 PLC 主控系统的维护内容及注意事项。

项目4
打磨机器人工作站故障
诊断与维护

任务 4.1 工作站系统认知

扫一扫看本项目习题库及参考答案
扫一扫看打磨机器人工作站认知微课视频

4.1.1 布置任务

1．学习任务描述

打磨机器人工作站由 ABB 工业机器人、机器人控制柜、操作台和打磨辅助装置组成。打磨机器人工作站主要用于铸件的打磨、抛光和去毛刺。打磨机器人工作站在制造、厨卫浴卫、医疗等领域广泛应用。

2．学习目标

（1）通过信息查询获得打磨机器人的应用领域。
（2）了解打磨机器人工作站的主要组成部分。
（3）通过小组合作，完成打磨机器人工作站的系统认知。
（4）在老师指导下，按照工作站技术手册，确定打磨机器人工作站的维护工作要点。
（5）在老师指导下，小组合作，完成打磨机器人工作站的日常维护任务。
（6）小组进行施工检查验收，归纳总结打磨机器人工作站维护中的注意事项。

3．任务书

在打磨机器人工作站中，采用 ABB 六关节工业机器人完成管件的去毛刺工作，每天工

作 16h。请依据图 4.1.1 所示的打磨机器人工作站场景及表 4.1.1 所示的工作站加工材料，完成系统认知和模拟布局。

图 4.1.1　打磨机器人工作站场景

表 4.1.1　工作站加工材料

产品	材质	尺寸（mm）			数量（个）
		直径	高度	壁厚	
管件	铸铁	50	60	5	1000

4．小提示

常见打磨工作可由人工和机器完成。采用机器人进行打磨操作具有非常好的效果。根据抓取工件的不同，打磨机器人的末端执行器会设计成不同的结构。

4.1.2　任务实施

扫一扫看搬运打磨工作站系统认知教学课件

1．工作计划

各小组按照任务书要求和获取的相关技术手册，制定打磨工作站的布局，如图 4.1.2 所示。根据打磨工作方案，填写打磨机器人工作站日常维护工作流程（见表 4.1.2）和材料、工具、器件清单（见表 4.1.3）。

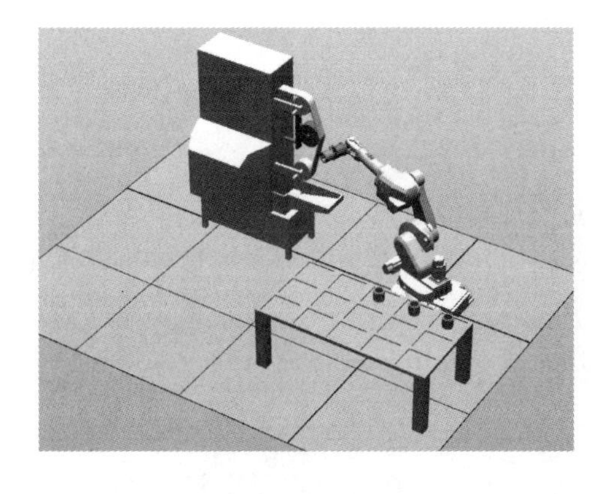

图 4.1.2　打磨机器人工作站的布局

表 4.1.2　打磨机器人工作站日常维护工作流程

步骤	工作内容	负责人

表 4.1.3　材料、工具、器件清单

序号	名称	型号和规格	单位	数量	备注

在选择打磨机器人型号时，首先需要确认机器人工作的环境、负载和空间。通常情况下选择串联式六关节机器人，夹持工件进行打磨。夹持工具打磨的机器人，要对其控制系统进行改进和提升。ABB 工业机器人控制器运算能力强，实时性好，占用内存小，模块化设计。

2．工作实施

按以下步骤实施打磨机器人工作站的日常维护工作。

1）准备阶段

（1）将工业机器人位姿调整到便于观察和清洁的位置。

（2）系统断电，并在主供电箱内悬挂警示标志。

（3）查阅维护的相关技术资料，准备工具和劳动防护用品。

3．检查验收

根据打磨机器人工作站日常维护要求，按照验收标准对任务完成情况进行检查验收和评价，并填写验收标准及评分表（见表 4.1.4）和验收过程问题记录表（见表 4.1.5）。

表 4.1.4　验收标准及评分表

序号	验收项目	验收标准	分值	教师评分	备注
1	安全规范	警示标志摆放正确	10		
		操作时遵守安全操作规程	20		
2	日常维护	检查工作站的各个组成部分	40		
3	设备布局	工作站的组成设备均在其工作区域内	30		
	合计		100		

表 4.1.5　验收过程问题记录表

序号	验收问题记录	整改措施	二次验收	备注

常见精密压铸件机器人的打磨方法是机器人末端夹持工件进行打磨抛光。但这种方法有以下几个缺点：对于大型压铸件，机器人负载能力要高；对于复杂压铸件，需要多种专门设计的加工工具，打磨方式单一，通用性不强。工业机器人打磨系统是致力避免或解决磨具高速转动引起末端执行器振动的问题，同时不影响打磨工艺指标，甚至可以提高打磨工艺精度的打磨加工系统。在机器人打磨工件过程中，如果机器人手臂末端与工件产生过大的跨度会增加机器人弯矩负载。提高机器人打磨精度的主要方式之一就是通过合理的路径规划减少在空间的冗余运动。

4. 评价反馈

小组介绍任务分工、工作过程并提交上述验收标准及评分表和验收过程问题记录表。按照表 4.1.6 所示的考核评价表，完成小组自评、组间互评及教师评价，折算后得出该小组的最终成绩。

表 4.1.6　考核评价表

评价项目	评价内容	分值	自评 20%	互评 20%	师评 60%	合计
职业素养（40 分）	安全意识、责任意识、服从意识	10				
	积极参加任务活动，按时完成工作任务	10				
	团队合作、交流沟通能力	10				
	劳动纪律	5				
	现场 6S 标准	5				
专业能力（60 分）	专业资料检索能力	10				
	制订计划能力	10				

续表

评价项目	评价内容	分值	自评 20%	互评 20%	师评 60%	合计
专业能力（60 分）	操作符合规范	15				
	工作效率	10				
	任务验收质量	15				
	合计	100				
创新能力（20 分）	创新性思维和行动	20				
	总计	120				
教师签名：		学生签名：				

4.1.3 打磨机器人工作站系统组成

工业制造领域中，有很多产品在生产过程中有毛刺，需要后期进行处理。打磨机器人主要用于工件表面打磨，棱角去毛刺，焊缝打磨，内腔去毛刺，孔口、螺纹口加工。其应用领域包括汽车部件、厨卫用品、五金家具、高尔夫球头、飞机叶片、手术钳等。图 4.1.3 所示为汽车的打磨部件。

图 4.1.3 汽车的打磨部件

打磨机器人主要由工业机器人本体和打磨机具、抓手等外围设备组成。另外，其还可配备清洁机、装卸台、工具更换机构、测量系统等，组成自动化打磨机器人工作站，如图 4.1.4 和图 4.1.5 所示，完成自动打磨流程。通过系统集成，总控制柜将机器人和外围设备的硬件连接起来，统一协调，实现各种打磨功能。

机器人打磨方式分为工件型打磨和工具型打磨两种。工件型打磨将工件用装夹装置安装在机器人末端，作为执行机构，将打磨工具和驱动装置安装在工具台上，通常为砂带机或打磨机。工件型打磨机器人工作站如图 4.1.6 所示。打磨工具固定，以工件移动的方式对工件进行打磨。打磨工具都是砂轮打磨。打磨工件时，将打磨工件靠近砂轮，通过砂轮表面与工件接触来去除工件表面多余的材料。砂轮的位置离地面较高，产生的磨削容易飞溅，这是粉尘产生的根源。这种方法常用于五金件的打磨和抛光。其主要缺点是机器人编程轨迹复杂，打磨粉尘大，污染大。

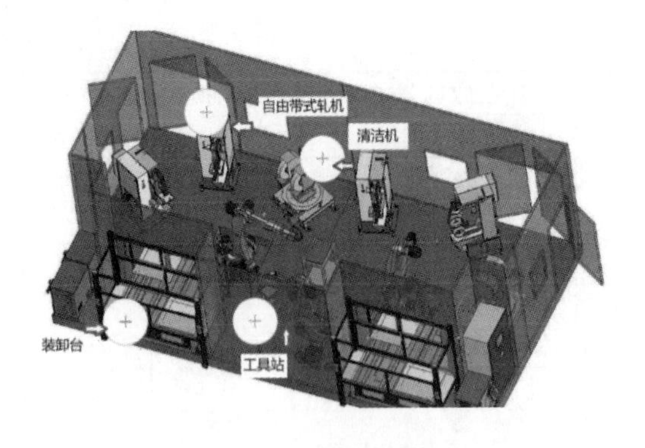

图 4.1.4　汽车部件的打磨机器人工作站

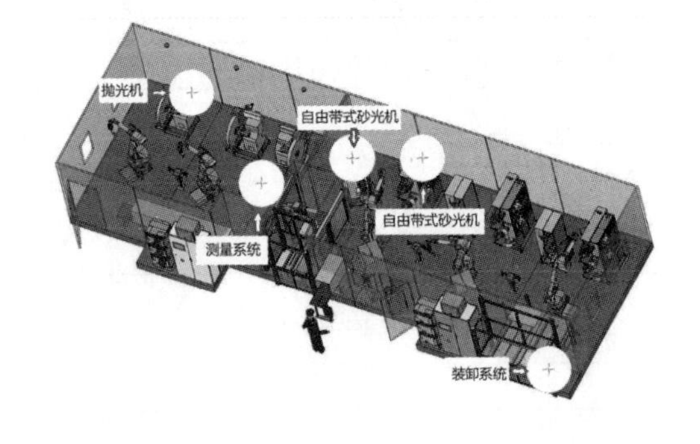

图 4.1.5　厨卫产品的打磨机器人工作站

工具型打磨是将工具和动力装置安装于机器人末端，打磨工件安装在工作台上，控制机器人末端位姿，结合力控功能，实现工件的打磨。工具型打磨机器人工作站如图 4.1.7 所示。常见的工作场合大多与汽车行业有关，例如可对汽车轮毂进行修边、打磨。动力装置安装于机器人末端，打磨工件可以更换，能实现打磨和抛光等多种功能。

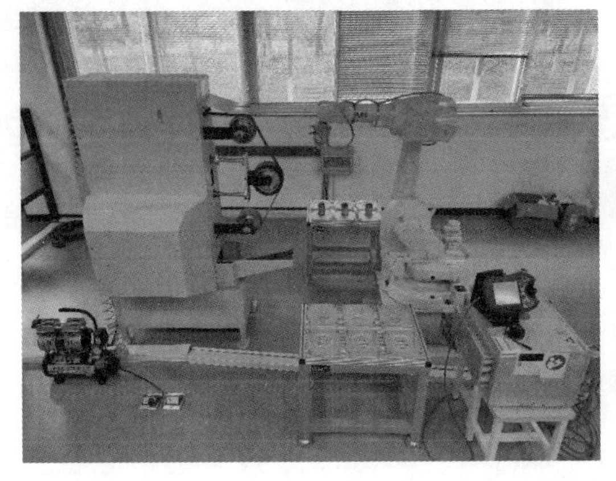

图 4.1.6　工件型打磨机器人工作站

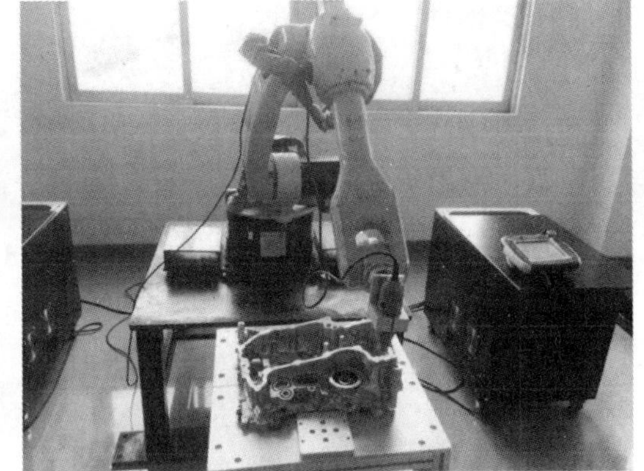

图 4.1.7　工具型打磨机器人工作站

使用打磨机器人工作站进行打磨操作，具有以下优势。

（1）保障安全，改善环境。使用打磨机器人工作站进行打磨，即机器换人，将人从工作环境中替换出来，降低了工作强度。同时，生产线的自动化操作稳定可靠，在粉尘排放、噪声控制、隐患报警等方面有明显改善。

（2）降本增效，稳定质量。打磨机器人进行打磨操作，每天可连续作业 16h，不受人为因素的干扰。打磨工业机器人可设定程序，遵循规律，保持稳定，也可以通过程序的修改进行产品质量的控制，提高产品质量的一致性，实现降本增效，稳定质量。

（3）柔性适用，切换弹性。市场的外部环境要求制造企业，尤其是中小型企业的生产线根据不同订单批次做调整。打磨机器人只需调整相应工装夹具，更改相应的程序，即可缩短产品更新换代的周期，减少相应的设备投入。

与手持打磨比较，打磨机器人去毛刺能有效提高生产效率，降低成本，提高产品合格率。传统的铸件清理技术采用位置控制原理，因需要尽可能精确地确定机器人运行路径，编程工作复杂而耗时。使用打磨机器人进行打磨有助于改善加工效果，提升产品质量，提高生产效率，加快编程进度，缩短节拍时间，降低生产成本。

1．打磨系统组成

1）砂带打磨机

国外机器人多采用工件型打磨方式。工件型打磨方式通常由砂带打磨机完成，如图4.1.8所示的德国SHL砂带打磨机，机器人夹持工件，且工件较小。

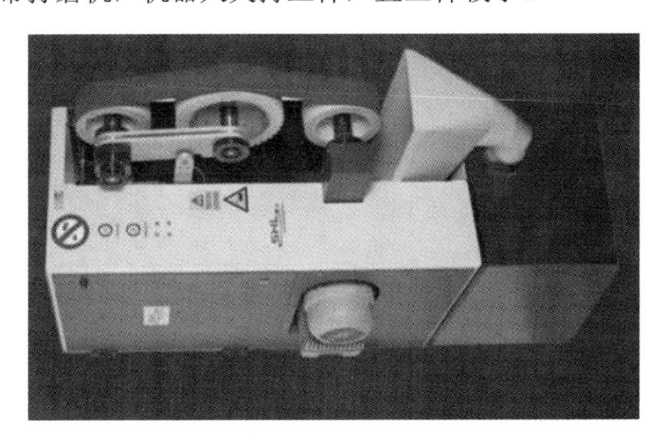

图4.1.8　德国SHL砂带打磨机

砂带打磨机可深度打磨金属焊缝、表面及管子内部。在砂带打磨机的合适位置，可安装气动系统的快速插拔插头，连接软管，接通压缩气源，清除金属焊缝、毛刺及焊渣。

2）打磨头

在工具型打磨机器人上，机器人末端执行器夹持的是打磨头及驱动。由于机器人自身具有较好的灵活性，因此便于轨迹的设计。但由于机器人自身刚性不够，这种打磨方式受到越来越多的学者和专家的探讨和研究，对它进行改进。

打磨头根据使用的驱动源，可以分为气动和电动，即打磨头的旋转可以是气动马达或者电动机。气动驱动源的打磨头如图4.1.9所示。电动驱动源的打磨头如图4.1.10所示。

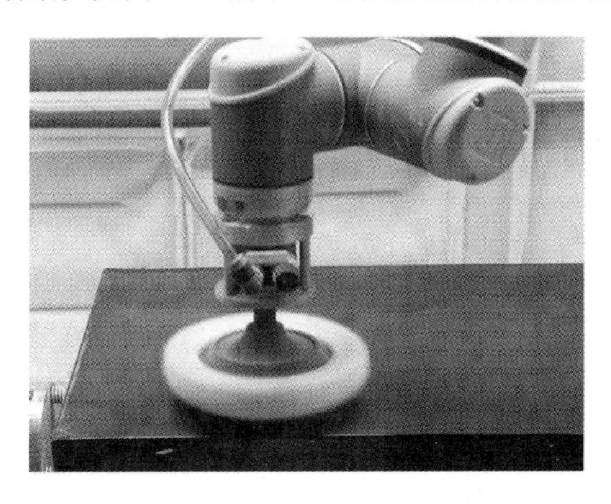

图4.1.9　气动驱动源的打磨头

图 4.1.10　电动驱动源的打磨头

2. 机器人系统组成

打磨机器人通常是常见的串联式六轴关节型机器人。其末端执行器会根据实际使用场合有所区别。工件型打磨机器人的末端执行器选择气动系统的夹爪，可快速抓放工件。工具型机器人通过设计，将驱动装置和打磨头稳定地固定在第六轴法兰端。根据作业要求，应选择合适负载的六轴关节型机器人，如图 4.1.11 所示。另外，在机器人底层控制系统中，机器人厂家也会根据打磨工艺，编制运行算法。机器人在打磨作业时，用合适的位姿配合打磨工具，可产生更好的打磨效果。

图 4.1.11　六轴关节型机器人

任务 4.2　打磨系统故障诊断与维护

4.2.1　布置任务

1. 学习任务描述

在打磨机器人工作站中，打磨系统是主要的组成部分。打磨系统可以是自成一体，即砂带打磨机或砂轮打磨机，也可以作为机器人末端执行器，随着机器人的运行轨迹，磨削工件。打磨系统在长时间的工作中，容易出现一定的故障，因此要熟悉其运行规律及故障表现。

2. 学习目标

（1）了解打磨机器人中打磨系统的分类。
（2）了解打磨系统的故障现象及原因。
（3）通过小组合作，掌握电动机故障的解决方法。
（4）了解气动系统的组成及在打磨机器人工作站中的应用。
（5）掌握气动系统的故障形式和解决方法。

3. 任务书

在打磨机器人工作站中，打磨的工件出现打磨不合格的情况，如有些地方没有打磨到，发现是打磨机没有工作，如图 4.2.1 所示，分析其故障现象，找出原因，并提出解决办法。

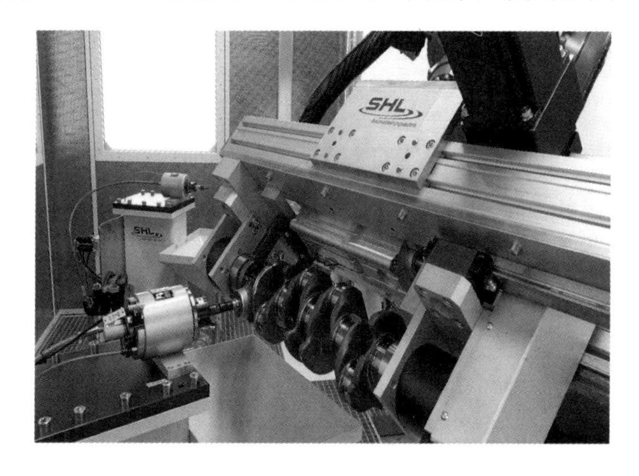

图 4.2.1　打磨工件

4. 小提示

机器人打磨工艺的研究还在摸索进行中。目前，国内的自动打磨系统通过建立曲面打磨工艺过程的模型进行实验和仿真，结果表明该模型反映了打磨工艺参数对打磨效果的影响规律。针对自由曲面打磨的特点，基于并联机器人的机构特点提出了自由打磨曲面并联机器人的设计构想，并通过运动分析仿真验证了其可行性，并对五自由度并联打磨机器人进行了有关动力学建模与控制、轨迹规划、打磨力建模与控制等方面的研究。并联五轴机器人的恒压力打磨，基于力/位置混合控制策略建立打磨伺服平台，采用专家 PID 控制器，使得打磨过程中的控制效果更好。基于并联打磨机器人的机构特性，建立了动力学仿真模型，并将仿真结果应用于最优控制器设计，成功实现打磨系统受随机扰动作用时的最优控制。通过多变量优化提出了基于去除预测的在线轨迹生成方法，以减少过渡过程中对磨削质量的不利影响，使工业机器人通过力控带磨削重新整型涡轮叶片，实现自动化维护任务。

4.2.2　任务实施

1. 工作计划

各小组按照任务书要求和获取的相关技术手册，查看打磨系统中关键零部件电动机的故障类型和解决方法，并填写电动机的故障类型、原因及解决办法（见表4.2.1）和气动系统的故障类型、原因及解决方法（见表4.2.2）。

表4.2.1　电动机的故障类型、原因及解决办法

序号	电动机的故障类型	原因	解决方法

表4.2.2　气动系统的故障类型、原因及解决办法

序号	气动系统故障类型	原因	解决方法

2．工作实施

按以下步骤实施打磨机器人工作站故障诊断与维护工作。

1）准备阶段

（1）根据故障现象，制定诊断流程。

（2）系统断电，并在主供电箱内悬挂警示标志。

（3）查阅维护的相关技术资料，准备工具和劳动防护用品。

2）实施阶段

（1）根据诊断流程，测试有关技术参数，判断故障产生原因。

（2）采取维护措施，并解决问题。

3．检查验收

记录故障分析、诊断、解决的过程，按照验收标准对任务完成情况进行检查验收和评价。验收标准及评分表如表4.2.3所示。验收过程问题记录表如表4.2.4所示。

表 4.2.3 验收标准及评分表

序号	验收项目	验收标准	分值	教师评分	备注
1	制定诊断流程	故障现象描述	10		
		故障诊断流程表	20		
2	相关步骤测试	选用工具	10		
		测试技术参数	30		
3	判断故障原因	得出产生故障的原因	10		
4	故障解决	解决故障	20		
	合计		100		

表 4.2.4 验收过程问题记录表

序号	验收问题记录	整改措施	二次验收	备注

4. 评价反馈

小组介绍任务分工、工作过程并提交上述验收标准及评分表和验收过程问题记录表。按照表 4.2.5 所示的考核评价表，完成小组自评、组间互评及教师评价，折算后得出该小组的最终成绩。

表 4.2.5 考核评价表

评价项目	评价内容	分值	自评 20%	互评 20%	师评 60%	合计
职业素养（40 分）	安全意识、责任意识、服从意识	10				
	积极参加任务活动，按时完成工作任务	10				
	团队合作、交流沟通能力	10				
	劳动纪律	5				
	现场 6S 标准	5				
专业能力（60 分）	专业资料检索能力	10				
	制订计划能力	10				
	操作符合规范	15				
	工作效率	10				
	任务验收质量	15				
	合计	100				
创新能力（20 分）	创新性思维和行动	20				
	总计	120				
教师签名：		学生签名：				

4.2.3 打磨装置故障诊断与维护

建立设备故障管理程序是企业建立事故预警机制的第一步，因此正确建立设备故障管理程序的意义重大。要做好设备故障管理，必须认真掌握发生故障的原因，积累常发故障和典型故障的资料及数据，开展故障分析，重视故障规律和故障机理的研究，加强日常维护、检查和预修。

设备故障管理的目的是，在故障发生前，通过对设备状态的监测与诊断，掌握设备有无劣化情况，以期发现故障的征兆和隐患，及时进行预防维修，以控制故障的发生；在故障发生后，及时分析原因，研究对策，采取措施排除故障或改善设备，以防止故障的再发生。在打磨机器人工作站中，打磨系统是执行作业的重要部件，与工件直接接触，通过摩擦达到去除毛刺或焊缝的目的，因此发生故障的概率较大。

扫一扫看电动机的故障排除

1．电动机的传动故障

打磨系统中大多以电动机为驱动源，如砂带打磨机或者末端执行器打磨头都采用的是电动机，分别如图 4.2.2 和图 4.2.3 所示。因此，需要了解电动机的传动故障。

图 4.2.2 砂带打磨机采用的电动机

图 4.2.3 末端执行器打磨头采用的电动机

运行中，应经常检查电动机，以便能及时发现各种故障并清除，否则这些故障可能引起重大事故。下面是电动机常见的故障及其原因。

1）电动机常见的异常现象

（1）异声。处于正常状态的电动机，在距离稍远的地方听起来是一种均匀而单调的声音，并带一点排风声，如果在这种单调而均匀的声音中夹杂着一种不正常的声响，即为异声。

（2）气味。电动机运行时，如果闻到焦灼气味，那么说明已有故障，应立即采取措施。

（3）电流、温度异常。电动机工作电流不应该超过其铭牌规定的值，三相电流不平衡不应超过 10%；各部位温升应在允许范围内（轴承 A 级 60℃，E 级 55℃），否则应视情况采取必要措施。

（4）电压异常。电动机正常运行时，三相电压同时升降，在 353～406V 之间变化。若三相电压升高不相等，则说明出现故障，应检查处理。

2）外壳带电的原因及排除方法

（1）电动机绕组的引出线或电源线绝缘损坏，在接线盒处碰壳，使外壳带电，应对引出

线或电源线绝缘进行处理。

（2）电动机绕组绝缘严重老化或受潮，使铁芯或外壳带电。对于绝缘老化的电动机应更换绕组；对于电动机受潮的应进行干燥处理。

（3）错将电源相线当作接地线接至外壳，使外壳直接带有相电压。此时应找出错接的相线，按正确接线改正即可。

（4）接地电阻不合格或接地线断路。此时应测量接地电阻，保证接地线良好，接地可靠。

（5）接线板有污垢。此时应清理接线板。

（6）接地不良或接地电阻太大。找出接地不良的原因，采取相应措施予以解决。

2. 气动系统的故障

在打磨机器人工作站中，气动系统也是主要组成部分之一。气动系统可以作为清除磨削场地碎屑的处理装置，也可以作为打磨头的驱动装置，其气路一般较为简单。打磨机器人工作站气动系统的气路如图 4.2.4 所示。

扫一扫看典型工作站气动系统认知教学课件

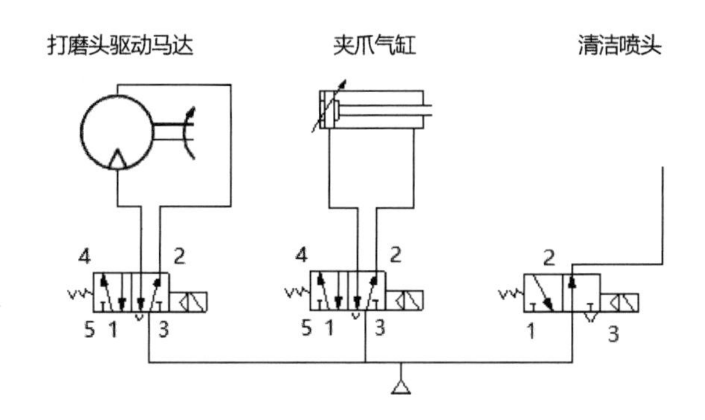

图 4.2.4 打磨机器人工作站气动系统的气路

气动系统的故障一般表现为不能完成规定的动作。在对气动系统的故障进行诊断时，首先要熟悉气动系统的性能和运行要求等，然后现场调查、了解情况，归纳分析，排除故障和总结经验。

气动系统的故障诊断方法主要有经验法、推理分析法。依靠实际经验，并借助简单的仪表，诊断故障发生的部位，找出故障原因的方法，称为经验法。经验法可按中医诊断病人的“望、闻、问、切”进行。

推理分析法是一种将系统故障的表面症状，用逻辑推理的方法从整体到局部逐级细化，步步紧逼，从而推断出故障本质原因的分析方法。

推理分析法的原则：由易到难、由简到繁、由表及里，逐一分析，排除故障；优先查找故障率高的因素；优先检查发生故障前更换过的元件。

许多故障是以执行元件动作不良的形式表现出来的。例如，由电磁阀控制的气缸不动作，本质原因是气缸内压力不足或没有压力或产生的推力不足以推动负载；控制回路有问题，控制信号没有输送出去，如行程开关没有发出信号、计数器没有信号、继电器发生故障或者气

缸上所用的传感器没有装到适当的位置等；气缸故障，如活塞杆与端盖导向套混入灰尘而伤及气缸筒、活塞与缸筒卡死、密封失效、气缸上节流阀未打开等；管路故障，如减压阀调压不足、气路漏气、管路压力损失太大等。

任务 4.3　机器人系统诊断与维护

4.3.1　布置任务

1．学习任务描述

目前，工业机器人应用企业普遍不具备自主维护的能力。当机器人出现故障而停机时，往往需要专业技术人员到现场进行诊断和维护。要迅速对故障做出精准的诊断和处理，需要对机器人系统故障有所了解。

2．学习目标

（1）了解机器人系统故障的现象。

（2）通过查阅工业机器人故障诊断相关规范，了解机器人的故障诊断方式。

（3）查看 ABB 机器人故障代码，了解机器人示教器中的报警信息提示。

（4）在老师指导下，小组合作，制定机器人系统故障诊断方案。

（5）小组实施故障排查任务。

（6）小组检查验收，总结排查维护的注意事项，并编写维护措施。

3．任务书

在打磨机器人工作站中，采用 ABB 六关节工业机器人完成管件的去毛刺工作，每天工作 16h。在某日上电后，机器人没有按照以往流程进行轨迹运行，到毛坯料台上抓取工件。请对此故障进行诊断，提出维修方案并实施。图 4.3.1 所示为打磨机器人工作站场景。

图 4.3.1　打磨机器人工作站场景

4.3.2　任务实施

1. 工作计划

各小组按照任务书要求和获取的相关技术手册，制定打磨机器人故障排除工作方案，包括部件、材料、工具准备，安全检查、检修等工作内容和步骤，并填写打磨机器人故障排除工作流程（见表4.3.1）和材料、工具、器件清单（见表4.3.2）。

表4.3.1　打磨机器人故障排除工作流程

步骤	工作内容	负责人

表4.3.2　材料、工具、器件清单

序号	名称	型号和规格	单位	数量	备注

2. 工作实施

按以下步骤实施打磨机器人故障排除工作。

1）准备阶段

（1）将打磨机器人位姿调整到便于观察和清洁的位置。

（2）按下打磨机器人控制柜急停开关，并在电气控制柜悬挂警示标志。

（3）查阅故障排除的相关技术资料，准备工具和劳动防护用品。

2）打磨机器人故障排除实施步骤

（1）观察打磨机器人的机械本体是否有超限和碰撞。

（2）通过打磨机器人示教器来查看是否有故障提示代码。

（3）检查打磨机器人的电气接线是否正常。

（4）检查打磨机器人各机械臂、动力线和信号线的状况。

3. 检查验收

根据打磨机器人工作站技术资料和设备运行情况，按照验收标准对任务完成情况进行检查验收和评价，并填写验收标准及评分表（表 4.3.3）和验收过程问题记录表（表 4.3.4）。

表 4.3.3 验收标准及评分表

序号	验收项目	验收标准	分值	教师评分	备注
1	安全规范	正确穿戴工作服、劳保鞋；发型、指甲等符合安全生产要求；工作过程中不佩戴首饰、钥匙、手表等；设备无损害	10		
2	小组协作	分工明确，各尽其职	20		
3	工作流程	工作内容明确，流程清晰	20		
4	任务完成效果	能分析出相应故障并排除，使设备恢复正常工作	30		
5	任务工单	完成任务单记录和工作总结	10		
6	整理扫尾	打扫卫生，工位	10		
	合计		100		

表 4.3.4 验收过程问题记录表

序号	验收问题记录	整改措施	二次验收	备注

4. 评价反馈

小组介绍任务分工、工作过程并提交上述验收标准及评分表和验收过程问题记录表。按照表 4.3.5 所示的考核评价表，完成小组自评、组间互评及教师评价，折算后得出该小组的最终成绩。

表 4.3.5 考核评价表

评价项目	评价内容	分值	自评 20%	互评 20%	师评 60%	合计
职业素养（40 分）	安全意识、责任意识、服从意识	10				
	积极参加任务活动，按时完成工作任务	10				
	团队合作、交流沟通能力	10				
	劳动纪律	5				
	现场 6S 标准	5				

续表

评价项目	评价内容	分值	自评20%	互评20%	师评60%	合计
专业能力（60分）	专业资料检索能力	10				
	制订计划能力	10				
	操作符合规范	15				
	工作效率	10				
	任务验收质量	15				
	合计	100				
创新能力（20分）	创新性思维和行动	20				
	总计	120				
教师签名：		学生签名：				

4.3.3　机器人本体故障

扫一扫看“岗课赛证”融通下机器人维护和故障排除教学课件

工业机器人的故障诊断和智能维护，可先通过从机器人控制器内采集数据和外部传感器检测信息，在数据平台中存储和管理，然后将数据转化为机器人的健康信息，最后做出生产和维护计划。工业机器人常见的故障和智能维护的内容有电气故障（比如启动故障、控制器死机、控制器性能低、控制杆无法工作、更新固件失败、机械噪声）、通信故障、电源故障、示教器故障等。

1. 电气故障

机器人控制系统安装在控制柜中，如图4.3.2所示。为安全起见，控制柜与外电源进行接线时，应连接必要的低压电器，如图4.3.3所示。电源系统熔断器、断路器等器件，可能会造成系统故障，其故障也需要进行考虑。

图4.3.2　机器人电气控制柜

图4.3.3　机器人电源接线图

1）熔断器

熔断器的故障现象及处理方法如表4.3.8所示。

表4.3.8　熔断器的故障现象及处理方法

故障现象	可能原因	处理方法
熔断器过热	熔断器规格过小，负荷过大	更换大号熔断器
	环境温度过高	改善环境条件，或将熔断器安装在环境好的位置
	接线头松动，导线接触不良，或接线螺钉锈死	清洁或更换螺钉、垫圈，拧紧螺钉

续表

故障现象	可能原因	处理方法
熔断器过热	导线过细，负荷过大	更换成较粗的导线
	铜铝接线，接触不良	将铝导线更换成铜导线，或将铝导线做搪锡处理
	触刀与刀座接触不紧密或锈蚀	除去氧化层，使两者接触紧密，若失去弹性，则予以更换
	熔体与触刀接触不良	使两者接触良好
熔体熔断	外线路短路或接地	查明原因，消除故障点，更换合适的熔体并投入使用
	熔体规格选择得太小	按要求选择熔体
	负荷过大	调整负荷，使不过载
	熔体安装不当，压伤或拉得过紧	正确安装熔体
	螺钉未压紧或锈死	压紧螺钉或更换螺钉、垫圈
熔体未熔断，但电路不通	熔体两端或接线接触不良	清扫并紧固接线端
	螺旋式熔断器螺母盖未拧紧	旋紧螺母

2）断路器

断路器触头过热，闻到配电控制柜有异味。经过检查是动触头没有完全插入静触头，触点压力不够，导致开关容量下降，引起触头过热。调整操作机构，使动触头完全插入静触头并通电时，闪弧爆响，这是由负载长期过大，触头松动接触不良引起的。检修此故障一定要注意安全，严防电弧对人和设备造成危害。检修完负载和触头后，先空载通电正常后，才能带负载检查运行情况，直至正常。此故障要注意用电设备的日常维护，以免造成不必要的危害。

2. 通信连接不畅

在机器人上电后，示教器没有进入正常启动画面，而是出现未连接或不能连接的提示。这表明，示教器与机器人主控制器的连接有问题。

故障原因可能有以下几个方面：机器人主机故障；机器人内置的 CF 或 SD 卡故障；示教器到主机之间的网线松动。处理方法如下：检查主机是否正常；主机内 SD 卡是否正常；检查示教器与主机之间的网线是否连接正常，并做相应处理。

3. 电源模块电路板短路

许多电路板故障都是由热插拔引起的。带电插拔板卡及插头用力不当造成对接口、芯片等的损坏，导致机器人电路板损坏。随着使用机器人时间的增长，电路板上的元器件自然老化，导致机器人电路板故障。操作者的保养不当，机器人电路板上布满灰尘，这都会造成信号短路。

4. 示教器显示故障代码

机器人是较为可靠的机电设备，因此出现故障的可能性不太大，并且在机器人设计中，对于内部的故障有一定的提示功能。操作人员可以根据示教器上的提示，对机器人做相应的处理。机器人操作手册中会有相应的故障代码和处理方法，可以查阅。

机器人发出报警，如 ABB 机器人上显示“20252”，表示电动机温度过高，DRV1 故障处

理。处理方式：检查电动机是否过热，如果电动机温度正常，则检查连接电缆是否正常（控制柜上的航空插头没有插好）；若提示机械原点丢失，则会构成机器人动作受限或误动作，无法走直线，此时可重新标定机械原点。

5. 扩展部分故障

由于打磨机器人工作站中还会有其他设备，这些设备自身的故障也会导致系统运行出现问题。因此，要根据该设备的特点及在系统中的作用、连接，进行相应分析。

比如，在打磨机器人工作站中采用 PLC 作为控制系统。PLC 是由半导体器件组成的，长期使用后出现老化现象是不可避免的，它的软件故障、硬件故障也会导致打磨机器人工作站工作的停滞。关于 PLC 的故障诊断请参阅相关的书籍，这里不再赘述。

扩展部分故障可能来自扩展部分本身，也可能来自两者之间的通信连接。

项目小结

本项目以 ABB 机器人打磨工作站为例，介绍了打磨机器人工作站的系统认知及两种常见的打磨装置，并介绍了打磨机器人工作站的布局设计。本项目重点介绍基于电机驱动和气动末端执行器的故障诊断与维护，以及整站电气系统的常见故障和处理方法。

练习题 4

1. 简述 ABB 工业机器人的组成。
2. ABB 示教器中常见的报警代码有哪些，如何查找和消除？
3. 电动机的常见故障有哪些，如何处理日常故障？
4. 打磨机器人工作站常见的末端执行器分为哪几类，其维护和故障如何处理？

项目5 个性化产品组装智能生产线故障诊断与维护

扫一扫看本项目习题库及参考答案

扫一扫看智能生产线云平台认知教学课件

任务5.1 智能生产线系统认知

5.1.1 布置任务

1．学习任务描述

随着我国传统制造业向智能制造的转型升级，数字化车间、智能工厂的不断涌现，制造业走向了新高度。工业机器人工作站也由原来单站逐步向多站发展，智能生产线作为数字化车间和智能工厂的核心部分，其运行状态直接影响数字化车间和智能工厂的运行。因此，其日常维护和故障诊断工作显得尤为重要。

2．学习目标

（1）通过信息查询获得数字化车间和智能工厂的相关应用。

（2）根据相关技术资料了解智能生产线。

（3）通过小组合作，完成实训室内智能生产线的系统认知。

（4）通过小组合作，分析智能产生线的工艺流程。

（5）小组进行认知验收，总结智能生产线系统认知的注意事项。

3．任务书

目前有一套奖盘智能生产线，其场景如图 5.1.1 所示。该奖盘智能生产线可根据用户需

求小批量订制生产加工，由一套订制管理系统控制，包括原料入库、仓储管理、原料出库、产线运行、AGV（Automated Guide Vehicle，智能运输车）调度、倍速链输送线、多台机器人协调工作、产品入库、视觉检测。为了保证智能生产线的正常运行，需要系统地掌握该智能生产线上的设备或装置。

图 5.1.1　奖盘智能生产线场景

4．小提示

智能工厂是利用各种现代化技术，实现工厂的办公、管理及生产自动化，达到加强及规范企业管理、减少工作失误、堵塞各种漏洞、提高工作效率、进行安全生产、提供决策参考、加强外界联系、拓宽国际市场的目的。

目前，智能工厂运用移动物联网、数据传感监测、信息交互集成和自适应控制等先进技术，实现专家优化系统控制、质量检测控制智能化、智能调度管理、设备管理、智能物流等覆盖整个生产及发运环节的全系统智能优化，统一规划，以实现工厂运行自动化、故障预控化、管理可视化、全要素协同化、决策智能化，实现大幅度降低电耗、降低设备故障率，提高设备运转率，实现自动化与信息化高度融合，提高全员劳动生产率为目标。

市场瞬息万变，给机械车间运营者带来了全新的挑战。客户不再像过去那样容忍错误或延误，而他们所要求的响应性是低效生产所无法满足的。为了应对此类挑战，机械车间运营者应当部署端到端的统一解决方案，否则就会面临被竞争对手击败的风险。

数字化车间作为智能制造的核心单元，涉及信息技术、自动化技术、机械制造、物流管理等多个技术领域。数字化车间是集精益化、自动化、信息化于一身，融合了工厂管理理念的一种综合性管理体系，只有通过“三化协同”的策略来规划工厂的物流布局和车间布局，构建全面的质量管理体系，提升生产效率，降低品质成本，让管理数字化、可视化和可预测化，才能帮助管理者做出决策。

扫一扫看个性化产品组装智能生产线认知教学课件

扫一扫看智能生产线机械系统维护教学课件

5.1.2　任务实施

1．工作计划

按照任务书要求和相关技术手册，制定奖盘智能生产线认知工作方案，包括机械系统（能量流）、控制系统（信号流）、工具准备，安全检查、检修等工作内容和步骤，并填写奖盘智能生产线认知工作流程（见表 5.1.1）和材料、工具、器件清单（见表 5.1.2）。

表 5.1.1　奖盘智能生产线认知工作流程

步骤	工作内容	负责人

表 5.1.2　材料、工具、器件清单

序号	名称	型号和规格	单位	数量	备注

2．工作实施

按以下步骤实施奖盘智能生产线认知工作。

1）准备阶段

（1）初始化奖盘智能生产线的设备，使设备处于方便观察的状态。

（2）工作站系统断电，并在主供电箱内悬挂警示标志。

（3）查阅奖盘智能生产线系统认知的相关技术资料，准备工具和劳动防护用品。

2）奖盘智能生产线认知工作实施步骤

（1）观察奖盘的原料、成品及各种料盘。

（2）观察原料扫描枪和上料输送线。

（3）观察并记录码垛机的机械结构。

（4）观察并记录立体仓储系统的库位分布和所用传感器的种类、布局。

（5）观察并记录自动导引小车（AGV）的机械结构、传感器和路面标志。

（6）观察并记录倍速链的机械结构及所用传感器的类型和分布。

（7）观察并记录各机器人工作站的组成。

（8）观察并记录智能生产线的电源线、信号线和控制线的布线情况。

3. 检查验收

根据奖盘智能生产线的认知任务书，对任务完成情况按照验收标准进行验收和评价，并将验收问题及其整改措施、完成时间进行记录。验收标准及评分表如表 5.1.3 所示，验收过程问题记录表如表 5.1.4 所示。

表 5.1.3　验收标准及评分表

序号	验收项目	验收标准	分值	教师评分	备注
1	安全规范	工作服和安全帽佩戴规范	20		
2	记录单	填写规范认知	10		
3	小组协作	团队分工明确，任务完成度高	20		
4	立体仓储系统认知	结构清楚，说出不少于 5 个核心部件	20		
5	AGV 认知	结构和工作原理清楚	10		
6	机器人工作站认知	结构清楚，工艺流程准确	20		
	合计		100		

表 5.1.4　验收过程问题记录表

序号	验收问题记录	整改措施	二次验收	备注

3. 评价反馈

各小组介绍任务分工、工作过程并提交上述验收标准及评分表和验收过程问题记录表。按照表 5.1.5 所示的考核评价表，完成小组自评、组间互评及教师评价，折算后得出该小组的最终成绩。

表 5.1.5　考核评价表

评价项目	评价内容	分值	自评 20%	互评 20%	师评 60%	合计
职业素养（40 分）	安全意识、责任意识、服从意识	10				
	积极参加任务活动，按时完成工作页	10				
	团队合作、交流沟通能力	10				
	劳动纪律	5				
	现场 6S 标准	5				

续表

评价项目	评价内容	分值	自评 20%	互评 20%	师评 60%	合计
专业能力（60 分）	专业资料检索能力	10				
	制订计划能力	10				
	操作符合规范	15				
	工作效率	10				
	任务验收质量	15				
	合计	100				
创新能力（20 分）	创新性思维和行动	20				
	总计	120				
教师签名：		学生签名：				

5.1.3 智能生产线系统概述

桨盘智能生产线由立体仓储系统，激光雕刻、装配、涂胶、包装、搬运等机器人工作站，机器视觉识别系统，倍速线输送回收系统，AGV 运输系统，皮带输送系统，总控系统，MES 管理系统等构成。

工业机器人智能生产线再现真实生产场景，以工业机器人应用技术为核心，融合智能制造、物联网、机器视觉等多项先进制造技术，构建一条可追溯产品生产流程的自动生产线。其采用工业级配置，由立体仓储系统、自动传输线及 AGV 运输系统、国内知名品牌工业机器人、机器视觉系统、RFID 跟踪系统、无线通信系统、西门子 PLC 集成控制系统、生产制造执行系统软件及智能仓储管理软件等部分组成。

扫一扫看智能生产线工艺流程视频

1. 智能生产线工艺流程

本节的工业机器人智能生产线是以碟形桨盘（半成品）的加工与装盒流程为主线，工艺流程如下。

（1）操作人员根据需求，在 MES 系统上下达生产指令（生产产品类型、数量等）。

（2）系统根据生产指令，对生产线各工位自动配比产品。

（3）堆垛机进行备件出库，AGV 小车配合堆垛机进行物料运输。

（4）桨盘从堆垛机前端输出，雕刻工作站的机器人通过吸盘抓取桨盘，并放置在激光打标机上进行打标作业。

（5）激光雕刻后，雕刻工作站的机器人抓取工件放置在倍速线的输送工装板上进行产品输送。

（6）工装板被倍速线阻挡定位，视觉系统对工装板上的桨盘图案位置进行判别。

（7）组装工作站的机器人根据所需抓取产品信息进行抓手更换，首先更换为组合吸盘抓手抓取桨盘木托，并进行视觉识别木托方向，然后放置在涂胶工装台的示教位置，由涂胶机器人根据预存程序，对木托进行涂胶工作。

（8）组装工作站的机器人再次更换抓手，通过单吸盘抓手拾取倍速线上的桨盘，并匹配放置在桨盘木托内。

（9）组装工作站的机器人第三次更换抓手，拾取装配组件，并放置在下盒内；在桨盘与木托组对的工作过程中，包装工作站的机器人通过夹爪对来料下盒进行拆垛工作，将拆垛完成的下盒放置在指定位置等待奖盘入盒；当包装工作站的机器人将奖盘放置在下盒后，其得到完成指令，抓取下盒与奖盘的组合体放置在入库 AGV 小车上；同时，搬运工作站的机器人对来料上盒进行拆垛，并持件识别，扣合在下盒上；完成扣合动作后，AGV 小车托载着完成件至入库皮带线端头；AGV 小车配合入库皮带线将完成件输送至堆垛机取料处，在运输过程中，RFID 读写器对木盒上的电子标签进行信息匹配。

（10）堆垛机进行完成品的自动入库。当操作者发出展示指令后，堆垛机根据要求调出相应库位的工件，由 AGV 小车运送至展示皮带线处，由搬运工作站的机器人进行拆分展示；当操作者发出取料指令后，堆垛机根据要求调出相应库位的工件，将其由入库皮带线反向送出；当操作者发出生产指令后，如果库内备件不足以维持生产，则发出指令，要求操作人员由入库皮带线处，对堆垛机进行投料工作；在生产线生产过程中，展示大屏实时反馈实际生产过程中各设备的运转状态、生产信息等，供使用者监管。

2. 堆垛机

堆垛机主要由金属结构、载货台、水平运行机构、起升机构、货叉伸缩机构、起升导向轮装置、安全保护装置和电气装置等部件组成，如图 5.1.2 所示。

图 5.1.2　堆垛机

金属结构主要由下横梁、立柱、上横梁、载货台等组成。下横梁有钢板焊接的箱式矩形断面或采用槽钢拼接而成的开口断面两种形式。立柱有矩形管或工字钢和钢板焊合的箱形结构两种形式，采用冷拉扁钢作为起升导轨。下横梁、立柱、上横梁之间通过法兰、定位销和高强度螺栓副连接。在下横梁上装有水平运行机构、运行认址装置、超速保护装置等。立柱两侧的起升导轨，供载货台上下运行导向之用。在立柱上装有起升机构、高度认址检测片、终端限位装置、控制柜及安全梯等。上横梁上装有定滑轮、上部运行导向轮装置、过载松绳保护装置等。整个金属结构具有质量轻、抗扭、抗弯、刚度大、强度高的特点。

载货台主要由上导轮架、下导轮架、垂直框架、水平框架等组成（见图 5.1.3）；其上装有货叉伸缩机构、滑轮装置、超速保护装置或断绳保护装置、起升导向轮装置、升降认址装

置、货物位置异常检测装置及双重入库检测装置等。载货台由起升机构通过载货台上的滑轮装置带动，依靠起升导向轮装置沿着立柱起升导轨升降，并由货叉伸缩机构进行存取货物作业。

图 5.1.3　载货台

水平运行机构包括变频调速、三合一电动机减速器、可调式车轮和水平轮组等。可调式车轮内装有调心轴承组，具有自动调整车轮平行度的作用。下横梁两端下部设置有水平轮组，可通过水平轮偏心轴调整水平轮与运行轨道的间隙；在下横梁两端头部设有聚氨酯缓冲器，以减少堆垛机运行碰撞时的冲击。

起升机构用于驱动载货台做升降运动。起升机构中的电动机减速器通过支架用螺栓固定在立柱下端，减速器输出轴上装有链轮，经过上横梁上的定滑轮改变链条方向后再经过载货台上的动滑轮向上与固定在载货台上的链条固定连接。

货叉伸缩机构是堆垛机存取货物的执行机构，装设在载货台上。为了减小巷宽度，且具有足够的伸缩行程，本机构采用三级直线差动式伸缩货叉，由伸缩货叉（上）、伸缩货叉（中）、固定货叉及导向轮等组成。固定货叉安装在载货台上，固定货叉、伸缩货叉（上、中）之间由链轮、链条进行连接。电动机减速器通过链条驱动链轮轴上的链轮，由链轮轴上两个链轮带动链条驱动伸缩货叉（中）从固定货叉中点向左或向右伸缩，同时带动伸缩货叉（上）以三倍的速度进行伸缩。电动机出轴端装有超载离合器，防止货叉伸缩时发生卡阻或因遇到障碍物而损坏货叉和电动机。本机构采用特制的滚针轴承导向轮，货叉行程通过行程开关或旋转编码器控制。

起升导向轮装置由钢质滚轮、特制轴承和偏心轮轴等零件组成，是将载货台上载荷传递给立柱，并沿立柱上下运行的导向受力机构。滚轮能承受较大的挤压接触应力，可通过偏心轮轴调整滚轮与起升导轨之间的间隙，以保证载货台沿着起升导轨正常运行。

3. AGV 小车

AGV 是指装备有电磁或光学等自动导引装置，不需要人工驾驶，能够自动沿规定的导引

路径行驶，具有各种移载功能的运输车。AGV 小车在物流、制造等行业已经得到了广泛的应用，对提高生产效率、降低生产成本、提高产品质量、提升企业形象起到了显著的作用。图 5.1.4 所示为 AGV 小车实物。

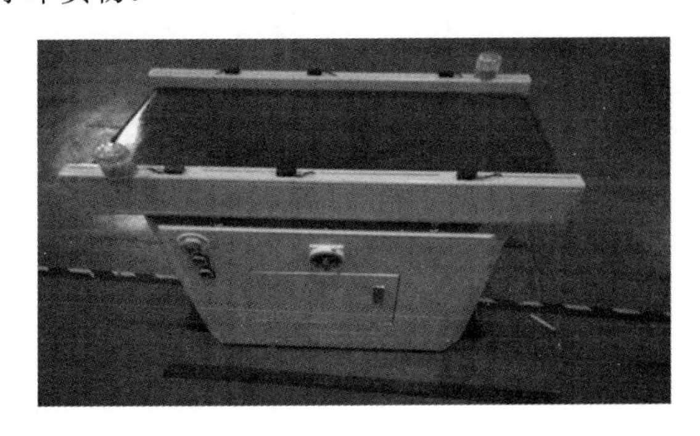

图 5.1.4　AGV 小车实物

AGV 小车的特性如下。

（1）自动引导，自主行走，自动化程度高。

（2）无人驾驶，节省人力。

（3）采用反光胶带作为导引轨道，廉价，易维护，易更换。

（4）体积小，占地少，可以在各个车间、工位间灵活穿梭。

（5）采用自动电子避障刹停车装置，稳定可靠，安全系数高。

（6）采用高性能蓄电池作为动力源，节能环保，方便更换，支持无限续航。

（7）可 24h 不知疲倦地循环工作，可以在恶劣的环境下工作。

（8）人性化设计，使工人真正从枯燥、烦琐的搬运中解脱出来。

（9）易学易懂，易操作，对操作者无特殊要求。

4．倍速线

倍速线为双层循环式倍速线，上层为输送通道，下层为回收通道，前后端头具备升降输送机，用于将倍速线上运转的工装板进行循环输送。倍速线升降采用气动驱动，输送采用变频电动机控制，保证了整体结构运转可靠平稳。图 5.1.5 所示为倍速线场景。

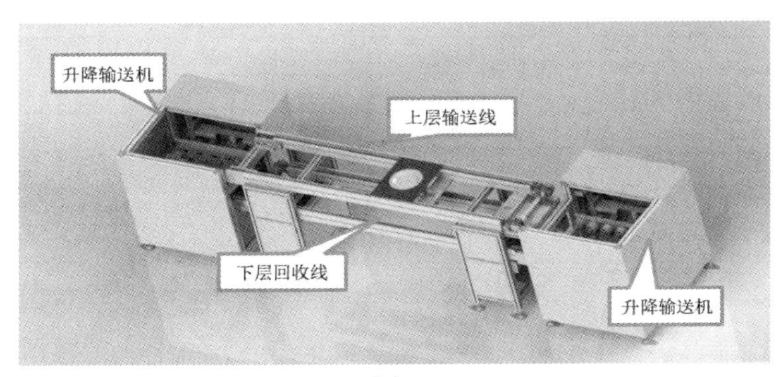

（a）

图 5.1.5　倍速线场景

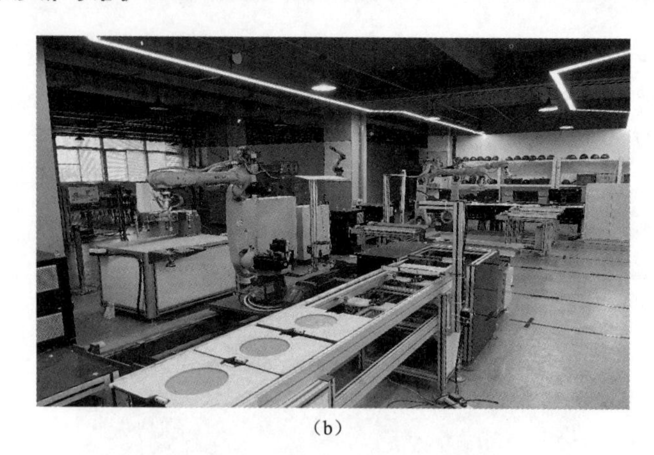

(b)

图 5.1.5　倍速线场景（续）

5.1.4　智能生产线日常维护和保养

在生产制造过程中，生产线设备或者配件会受到损耗和破坏，这就需要我们去维护和保养，下面介绍智能生产线设备使用时的维护和保养方法。

1. 日常维护

按照上述内容，智能生产线包含的设备较多，其日常维护内容较多，如表 5.1.6 所示。

表 5.1.6　生产线日常维护内容

周期	检查内容	行动
日检查	气动接管和连接头	检查并且必要时重新拧紧
	接地线	检查并且必要时更换
	电气开关	检查设备接通、断开动作是否可靠
	电气按钮	检查按钮、指示灯功能是否正常
	气路配管	检查配管是否有泄漏或破损
	电磁阀	检查电磁阀是否正确动作
	机架	机架地脚螺栓是否松动
周检查	紧固件	检查紧固情况并且必要时重新拧紧
	导向运动部件	检查是否有灰尘异物附着且每隔 3 个月添加一次润滑油
	操作面板	检查各按钮/开关是否破损
	第七轴润滑泵	检查润滑泵润滑油液位是否需要加油
月检查	传感器紧固件	检查紧固情况并且必要时重新拧紧
	主控制柜	检查各接头是否松脱，是否因氧化而导致接触不良
	外部配线	检查线是否破损

2. 保养方法

智能生产线减速箱的维修和保养方法：当第一次使用时，在使用三个月后将减速箱里的机油放净，用柴油或汽油将减速箱里面清洗一下，放净后将新的润滑油加至观察窗的中间即可。以后每年需要更换一次润滑油。此外，每个月要注意润滑油是否太多或太少。润滑油太

多可能引发减速箱发热，电动机负荷过大导致电动机保护开关跳开。润滑油太少可能引发减速箱发热，噪声增大及减速箱绞死而报废。

电动机的维修和保养方法：切不可将电动机进水，也不能在电动机上加柴油及液体有机化合物，因为这样会导致电动机的绝缘损坏而出现故障。调速头的保养方法同电动机一样。其余查阅电工手册中关于电动机的保养及维护即可。

链条的维修和保养方法：链条在长期的运转后可能使原来的润滑油发热挥发，进而导致链条在运行过程中出现不平衡、噪声增大、爬行等现象。此时打开机尾的封板，给链条加上黄油或浓一点的润滑油等即可。

3. 保养计划表

本智能生产线润滑系统为手动润滑，每周进行一次润滑，也可以根据实际使用情况对传动单元进行润滑，必须保证各传动部件运行通畅，定时检查传动单元是否正常工作、有无异响，可参照表 5.1.7 所示的设备定期点检保养计划表执行。

表 5.1.7 设备定期点检保养计划表

项次	实施内容	方法/处理器具	周期					
			日	周	月	季	半年	年
1	气源压力 5～6kg/cm²	目视	●					
2	各滑块导轨润滑	目视	●	○				
3	各直线导轨润滑	目视	●	○				
4	设备螺钉是否松脱	目视/内六角	●					
5	电动机运转声音是否异常	目视	●					
6	抓具动作是否正常	目视		●				
7	各设备定位螺栓是否松动	目视/扳手			▲			
8	控制柜内是否整齐、洁净	目视		●		△		
9	电线是否有破损	目视				▲		
10	各电器接点是否松动	目视				▲		
11	同步带是否松弛	目视					▲	
12	各滑块滑轨间隙	目视/手感						▲

任务 5.2 立体仓储系统故障诊断与维护

扫一扫看立体仓储系统维护与故障排除教学课件

5.2.1 布置任务

1. 学习任务描述

立体仓储系统作为制造业生产管理与物流运输的核心部分，其运行状态直接影响制造业生产管理与物流运输的运行。因此，其故障诊断和日常维护工作显得尤为重要。为了做好日常维护及故障诊断分析，我们需要了解立体仓储系统的组成单元或模块及其常见故障分析与处理办法。

2. 学习目标

（1）根据相关技术资料了解故障诊断的基础知识。

（2）通过小组合作，完成实训室内立体仓储系统的认知。

（3）通过小组合作，分析立体仓储系统的组成单元及模块。

（4）通过小组合作和查阅资料，了解立体仓储系统中的常见故障。

（5）点评小组任务完成情况，归纳总结立体仓储系统故障诊断中的注意事项。

3. 任务书

目前有一套立体仓储系统，如图 5.2.1 所示。整套系统由货架、堆垛机、输送机、AGV 小车、仓库管理系统、仓库控制系统等组成。为了保证产线正常运行，需要进行日常维护和故障分析排查。为了做好地完成工作，需要系统全面地掌握立体仓储系统中的设备或装置。

图 5.2.1　立体仓储系统（一）

5.2.2　任务实施

扫一扫看立体仓储系统认知教学课件

1. 工作计划

各小组按照任务书要求和获取的相关技术手册，制定立体仓储系统故障诊断与维护工作方案，并填写立体仓储系统认知工作流程（见表 5.2.1）和材料、工具、器件清单（见表 5.2.2）。

表 5.2.1　立体仓储系统认知工作流程

步骤	工作内容	负责人

表 5.2.2　材料、工具、器件清单

序号	名称	型号和规格	单位	数量	备注

2. 工作实施

按以下步骤实施立体仓储系统的故障诊断和维护工作。

1）准备阶段

（1）初始化立体仓储系统的设备，将设备调整到便于维护的位置。

（2）系统断电，并在主供电箱内悬挂警示标志。

（3）查阅故障诊断和维护的相关技术资料，准备工具和劳动防护用品。

2）立体仓储系统故障诊断和维护工作实施步骤

（1）观察提升机入口和升降架。

（2）观察链式输送机入口和升降架。

（3）观察堆垛机上横梁组件、操作平台、地轨组件、下横梁组件、载货台。

（4）观察堆垛机货叉、提升装置、超速和断绳保护装置。

（5）观察扫码器和计算机系统。

（6）观察安全栏、警示标志等其他辅助设备。

（7）利用仪表检查电源系统、电气线路。

（8）观察接触器、继电器、熔断器、主令电器、传感器等电气元件。

3. 检查验收

各小组根据立体仓储系统故障诊断与维护任务书，按照验收标准对任务完成情况进行检查验收和评价，并填写验收标准及评分表（见表 5.2.3）和验收过程问题记录表（见表 5.2.4）。

表 5.2.3　验收标准及评分表

序号	验收项目	验收标准	分值	教师评分	备注
1	安全规范	工作服和安全帽佩戴规范	20		
2	记录单	填写规范认知	20		
3	小组协作	团队分工明确，任务完成度高	10		

续表

序号	验收项目	验收标准	分值	教师评分	备注
4	机械系统故障诊断与维护	维护内容表述清楚，操作规范	25		
5	电气系统故障诊断与维护	维护内容表述清楚，操作规范	25		
	合计		100		

表 5.2.4　验收过程问题记录表

序号	验收问题记录	整改措施	二次验收	备注

4．评价反馈

小组介绍任务分工、工作过程并提交上述验收标准及评分表和验收过程问题记录表。按照表 5.2.5 所示的考核评价表，完成小组自评、组间互评及教师评价，折算后得出该小组的最终成绩。

表 5.2.5　考核评价表

评价项目	评价内容	分值	自评 20%	互评 20%	师评 60%	合计
职业素养（40 分）	安全意识、责任意识、服从意识	10				
	积极参加任务活动，按时完成工作任务	10				
	团队合作、交流沟通能力	10				
	劳动纪律	5				
	现场 6S 标准	5				
专业能力（60 分）	专业资料检索能力	10				
	制订计划能力	10				
	操作符合规范	15				
	工作效率	10				
	任务验收质量	15				
	合计	100				
创新能力（20 分）	创新性思维和行动	20				
	总计	120				
教师签名：		学生签名：				

5.2.3　立体仓储系统

立体仓储系统利用相关设备可实现仓库高层合理化、存取自动化、操作简便化。立体仓

储系统的机械系统是由货架、堆垛机、出入库托盘输送机等组成的。立体货架是钢结构或钢筋混凝土结构的建筑物或结构体，货架内是标准尺寸的货位空间，堆垛机穿行于货架之间的巷道中，完成存取货物的工作。图 5.2.2 所示为立体仓储系统。

扫一扫看立体仓储系统认知视频

图 5.2.2　立体仓储系统（二）

立体仓储系统的电气系统主要由自动控制系统、计算机监控系统、计算机管理系统、尺寸检测条码阅读系统、通信系统及电线、电缆、桥架、配电柜等组成，如图 5.2.3 所示。立体仓储系统运用一流的集成化物流理念，采用先进的控制、总线、通信和信息技术，通过以上设备的协调动作进行出入库作业。立体仓储系统必须符合有关安全规范的规定，设施齐全，功能可靠，并具有多重安全保护功能。

图 5.2.3　立体仓储系统的电气系统

1．立体仓储系统的机械系统的故障诊断与维护

立体仓储系统的机械系统主要由货架和堆垛机组成，堆垛机是立体仓储系统的主要执行机构，其性能决定了立体仓储系统的工作效率。堆垛机是指采用货叉或串杆作为取物装置，在仓库、车间等处攫取、搬运和堆垛或从高层货架上取放单元货物的专用起重机。堆垛机是

立体仓储系统中最重要的起重运输设备，是立体仓储系统的标志，主要作用是在立体仓储系统的通道内来回运行，将位于巷道口的货物存入货架的货格，或者取出货格内的货物运送到巷道口。图 5.1.2 所示为常见的立体仓储系统中的堆垛机。

扫一扫看堆垛机维保示范视频

图 5.2.4　常见的立体仓储系统中的堆垛机

堆垛机的机械系统主要分为行走机构、垂直提升机构和货叉伸缩机构三大类，如表 5.2.6 所示。行走机构包括三相变频电动机、可转弯的行走部、立体机架、支撑部分等；垂直提升机构包括三相变频电动机、载货台、保护机构等；货叉伸缩机构包括三相变频电动机、伸缩机构、传动机构等。

表 5.2.6　堆垛机机械系统的主要组成分类

大类	子类
行走机构	带减速器及抱闸的三相变频电动机
	带可转弯的走形部
	起支撑作用的立体机架
	轨道、天轨等外部支撑结构
垂直提升机构	带超限检测的载货台
	带减速器及抱闸的三相变频电动机
	提升机构及防坠落保护机构
货叉伸缩	货叉伸缩机构
	带抱闸的三相变频电动机
	链条链轮传动机构

根据立体仓储系统的机械结构，在奖盘智能生产线运行前，需要做好货架的框架结构、链条传动机构、导轨等方面的检查，例如螺栓连接松紧、链条润滑、导轨固定、水平度等。此外，还要做好传动系统中的减速器等关键部件的日常维护。其实，减速器的日常维护很简单，只要做到定期更换润滑油，定期对减速机内部易损件进行更换，就可以保证减速机的

正常运转。定期检查油的分量和质量，保留足够的润滑油，及时更换混入杂质或变质的润滑油。须按要求保证注油量，不同牌号的润滑油禁止混用，牌号相同而黏度不同的润滑油允许混用。

2．立体仓储系统的电气系统的故障诊断与维护

立体仓储系统的电气系统的主要组成分类如表 5.2.7 所示。根据表 5.2.7 所示的内容，立体仓储系统的电气系统的维护对象主要是常用低压电器元件、供电系统、PLC、变频器、触摸屏等。对于常用低压电器元件，依照先易后难的原则，先检查线圈，后检查电源和机械部分，避免盲目操作。

表 5.2.7　立体仓储系统的电气系统的主要组成分类

大类	子类
电力供配电系统	熔断器/热继电器
	三相电相序继电器、断相保护器
	空气开关、断路器
	滑触线、滑触线集电器及其他供电线路
	控制变压器和开关电源
电气控制系统	PLC 控制器（硬件）
	PLC 控制程序
	测距智能传感器、智能总线通信模块、传感器等信号输入设备
	控制继电器、接触器、变频器等控制输出设备
	触摸屏等人机交互系统

判断常用低压电器是否正常应按以下步骤进行。

第一步：一般检查。这包括外观检查，电器的外形尺寸及安装尺寸检查，电气间隙和爬电距离检查，触点开距、超行程和压力检查，电器操作力检查等。电气间隙指不同极间或一极开断后的两个导电电路间的最短空气绝缘距离。

第二步：电压降测定。即测量触点或导电回路通以直流电流后，被测部分两端的电压降。测定的目的是评估被测部分两端的电阻值，用电阻值的大小间接地判断电器的装配质量和发热温升。

第三步：通电检查。

熔断器等其他常用低压电器元件的故障分析和维护可以参考本书第 2 章的相关内容。

PLC 的特点之一是可靠性高，抗干扰能力强。PLC 由于采用现代大规模集成电路技术，内部电路采取了先进的抗干扰技术，具有很高的可靠性。有些品牌的 PLC 平均无故障时间高达 3×10^4h，一些使用冗余 CPU 的 PLC 的平均无故障工作时间则更长。因此，对于 PLC 的维护只需定期检查端子接线和供电电源即可。人机交互系统的触摸屏大致可分为电阻式触摸屏、电容式触摸屏、红外式触摸屏。不同类型的触摸屏，其故障分析也有所差异。

1）电阻式触摸屏的故障分析与处理

（1）故障一。

现象：手指所触摸的位置与鼠标箭头没有重合。

分析：安装完驱动程序后，在进行校正位置时没有垂直触摸靶心。触摸屏上的信号线接触不良或断路。

处理方法：重新校正位置；查找断点重新连接或更换触摸屏。

（2）故障二。

现象：不触摸时鼠标箭头始终停留在某一位置；触摸时鼠标箭头在触摸点与原停留点的中点处。

分析：有异物（非主动触摸）压迫电阻式触摸屏的有效工作区。

处理方法：将压迫电阻式触摸屏有效工作区的异物移开。

2）电容式触摸屏的故障分析与处理

电容式触摸屏的“漂移”，主要指以下几种情况：对触控操作做出误动作，即触摸 A 点，却对 B 点做出触摸反应，这个时候应正确操作；没有触摸却做出误动作，即身体或导电物等靠近屏幕，还没有触碰，就做出了触摸反应，这个时候应避免导电物体靠近；对触控操作无动作，即已经用手指触碰到触摸屏，但屏幕却没有做出触摸反应，这个时候应检查屏幕有无损坏。

3）红外式触摸屏的故障分析与处理

（1）故障一。

现象：双击不太灵敏。

处理方法：打开红外式触摸屏校准程序，调节它的灵敏度，如把灵敏度调低。

（2）故障二。

现象：触摸屏出现漂移现象。

分析：由于红外式触摸屏是靠红外线来工作的，所以平时当衣袖等物碰到红外式触摸屏时也起触摸的作用，因此使用红外式触摸屏时要注意不能碰到其他物体。

3．立体仓储系统辅助部分的故障诊断与维护

为了保证立体仓储系统的安全正常运行，需要借助传感器来准确定位堆垛机的位置及各仓位是否有物料，有些还需要气动系统来协助工作。第一，检查传感器外观，检查器件是否缺损、受潮，确认各端子连接器连接是否可靠及安装是否松动。第二，确定直流电源的电压状态正确。第三，检查传感器与控制器的信号传输是否正常。第四，检查传感器精度是否正常。第五，清洁传感器内部和表面。气动系统的维护前面章节都有所介绍，在此不再阐述。

4．堆垛机安全工作的要求

用户需编制必要的规章制度及规程，具体规定在操作、管理和维护时关于安全工作的要求。堆垛机应由接受过劳动保护教育、安全技术及操作维护技术培训，并经过具有资格部门考核合格的人员进行操作、维护。其他人员一律不准私自操作。非操作人员严禁接触和任意搬动操作面板上的操作开关。

开机启动之前，必须将所有主令开关复位，保证机上机械、电气安全装置正常，否则，严禁启动。被储存货物应严格按托盘尺寸和规定尺寸堆放，不得超宽、超高、超重。

当托盘位置在堆垛机上显示不准时，应从自动状态切换为手动状态，整理后再切换为自

动状态，严禁在自动状态下整理。堆垛机运行的通道两端应设围栏。堆垛机工作时禁止人员进入或通过巷道。

维修时必须切断堆垛机主电源，挂上“禁止合闸，有人工作”的警告牌。堆垛机的维护工作应尽可能在巷道端头进行。所有维护工作只能在载货台降到最低位置时进行，载货台下严禁站人。维修人员在高于1.5m的高度从事作业时应系安全带。在有电压情况下维修、调整时，应有两人进行。损坏的零部件只能用原型号规格更换。机构的所有试验性接通都只能经维修负责人同意并在场的情况下进行。在接通隔离开关或机构之前，维修负责人应事先通知堆垛机上及巷道内所有人员，并确认他们已在安全地带。

禁止堆垛机上有任何非固定物品和工具放在非指定地点的情况下启动。堆垛机修理后，只准许堆垛机处于良好状态下由负责操作的人员启动。禁止有故障的堆垛机继续使用。手动操作堆垛机完成工作或下班时，必须将堆垛机开至原位。如果堆垛机采用联机操作方式，那么下班时，必须将堆垛机召回原位。

任务5.3　倍速链传输系统故障诊断与维护

5.3.1　布置任务

1. 学习任务描述

倍速链传输系统是通过倍速链条的增速功能，使其上承托货物的托盘快速运行，通过阻挡器停止于相应的操作位置，或通过相应指令来完成积放动作及移行、转位、转线等功能。倍速链传输系统作为流水线设备中广泛应用的一种自流式生产输送线，其运行状态直接影响制造业生产管理的运行。因此，其日常维护和故障诊断工作显得尤为重要。为了做好日常维护及故障诊断分析，我们需要了解倍速链传输系统的组成单元或模块，以及传输设备的常见故障。

2. 学习目标

（1）根据相关技术资料了解倍速链传输系统的基础知识。

（2）通过小组合作，完成实训室倍速链传输系统的认知。

（3）通过小组合作，分析倍速链传输系统的组成单元及模块。

（4）通过小组合作和查阅资料，了解倍速链传输系统中的常见故障。

（5）小组进行故障诊断与维护检查验收，总结倍速链故障诊断中的注意事项。

3. 任务书

目前有一套倍速链传输系统，如图5.3.1所示，整套系统由倍速链条、托盘、阻挡器、电气控制系统等组成。为了保证传输系统的正常运行，需要进行日常维护工作。为了做好此项工作，需要系统地掌握倍速链传输系统中的设备或装置。

图 5.3.1　倍速链传输系统

4．小提示

倍速输送线又叫倍速链、倍速输送链、差速链线，是一种广泛应用于电子电器行业生产线的生产线设备，对提高生产效率、降低生产成本有着重要作用。倍速输送线的效益能否充分发挥，使用寿命能否持久，除需设备本身是否具备优异性能外，作业人员对设备本身的结构、机能是否充分了解并加以合理运用及定期予以维护也显得尤其重要。

5.3.2　任务实施

扫一扫看智能生产线倍速链日常维护与常见故障教学课件

1．工作计划

各小组按照任务书要求和相关技术手册，制定倍速链传输系统的故障诊断与维护工作方案，并填写倍速链传输系统认知工作流程（见表 5.3.1）和材料、工具、器件清单（见表 5.3.2）。

表 5.3.1　倍速链传输系统认知工作流程

步骤	工作内容	负责人

表 5.3.2　材料、工具、器件计划清单

序号	名称	型号和规格	单位	数量	备注

续表

序号	名称	型号和规格	单位	数量	备注

2．工作实施

按以下阶段实施倍速链传输系统的故障诊断和维护工作。

1）准备阶段

（1）将倍速链传输系统的设备初始化，或使机器人等设备到某一方便观察位置。

（2）系统断电，并在主供电箱内悬挂警示标志。

（3）查阅故障诊断和维护的相关技术资料，准备工具和劳动防护用品。

2）实施阶段

（1）观察输送线和倍速链条。

（2）观察倍速链传输系统电气控制部分。

（3）检查接触器、继电器、熔断器、主令电器、传感器等电气元件。

（4）检查电动机等。

（5）检查 PLC 控制器和计算机系统。

（6）观察安全栏、警示标志等其他辅助设备。

（7）利用仪表检查电源系统、电气线路。

3．检查验收

根据倍速链传输系统故障诊断与维护任务书，按照验收标准对任务完成情况进行检查验收和评价，并填写验收标准及评分表（见表 5.3.3）和验收过程问题记录表（见表 5.3.4）。

表 5.3.3　验收标准及评分表

序号	验收项目	验收标准	分值	教师评分	备注
1	安全规范	正确穿戴工作服、劳保鞋；发型、指甲等符合安全生产要求；工作过程中不佩戴首饰、钥匙、手表等；设备无损害	20		
2	操作流程	按照任务工单逐项完成	20		
3	完成质量	任务完成效果	20		
4	工作后整理	遵守实验室规章制度，清洁卫生，收集工具	20		
5	小组协作	团结协作，任务分工合理明确	20		
	合计		100		

表 5.3.4 验收过程问题记录表

序号	验收问题记录	整改措施	二次验收	备注

4．评价反馈

小组介绍任务分工、工作过程并提交上述验收标准及评分表和验收过程问题记录表。按照表 5.3.5 所示的考核评价表，完成小组自评、组间互评及教师评价，折算后得出该小组的最终成绩。

表 5.3.5 考核评价表

评价项目	评价内容	分值	自评 20%	互评 20%	师评 60%	合计
职业素养（40 分）	安全意识、责任意识、服从意识	10				
	积极参加任务活动，按时完成工作任务	10				
	团队合作、交流沟通能力	10				
	劳动纪律	5				
	现场 6S 标准	5				
专业能力（60 分）	专业资料检索能力	10				
	制订计划能力	10				
	操作符合规范	15				
	工作效率	10				
	任务验收质量	15				
	合计	100				
创新能力（20 分）	创新性思维和行动	20				
	总计	120				
教师签名：		学生签名：				

5.3.3 倍速链传输系统

倍速链传输系统是生产线中广泛应用的一种自流式生产输送线，以链条作为牵引和承载体输送物料，链条可以采用普通的套筒滚子输送链，也可采用其他链条；输送能力大，可承载较大的载荷；输送速度准确稳定，能保证精确的同步输送；易于实现输送，可用作装配生产线或作为物料的储存输送；可在各种恶劣环境（高温、粉尘）下工作，性能可靠。广义上的倍速链传输系统主要由工装板、制动机构、倍速链链条、链条支撑导轨、电动机驱动系统、回转导向座、链条张紧调整机构、电气控制系统等部分组成。

设备操作人员必须熟悉电气设备相关技术手册涉及的安全注意事项，了解设备的基本工作原理，同时经过培训后能熟练操作倍速链传输系统；设备结构及功能设计已经考虑操作者人身安全的保护措施。严禁设备的保护措施在失效或异常的情况下继续使用。

奖盘智能生产线上的倍速链传输系统的机械部分主要由托盘上升/下降装置、上下两层倍速链、传送皮带、传送带电动机、阻挡气缸、升降气缸、机架、传送链传送机构、链条和皮带张紧装置、导轨等组成，可实现托盘的自动循环，回收利用。奖盘智能生产线上的倍速链传输系统模型如图 5.3.2 所示。

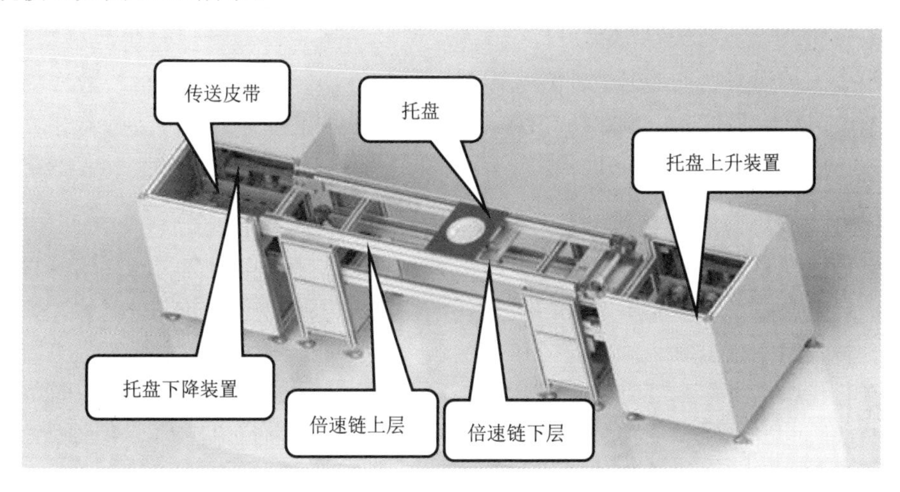

图 5.3.2　奖盘智能生产线上的倍速链传输系统模型

奖盘智能生产线上的倍速链传输系统的电气部分主要由西门子 1214 系列 PLC、西门子 MM420 变频驱动器、工控机型机器视觉等组成，如图 5.3.3 所示。为了保证倍速链传输系统稳定运行，需要做好上述部件的日常维护工作。鉴于系统中机械部件通用型零件较多，可以按照前面章节阐述的方式来做好张紧装置、带传动、链条传动、导轨、气缸的维护工作。此外，还要做好通用型零件的备件管理，在出现故障时，及时做好更换和调试工作，保障生产线的正常运行。

图 5.3.2　奖盘智能生产线上的倍速链传输系统的电气部分

5.3.4 低压电器常见故障与维护

扫一扫看电气系统维护与故障排除教学课件

电气设备故障具有一定的必然性，因此要对电气设备的日常维护及定期校验检修。在一个电气控制电路中，所使用的元器件种类有数十种，甚至更多。不同的元器件，发生故障的模式也不同。常用的低压电器有保护电器类，如熔断器、漏电保护器等；控制电器类，如接触器、继电器、电磁阀和电磁抱闸等；主令电器类，如万能转换开关、按钮、行程开关等。下面以接触器为例，介绍其故障分析与维护，其他低压电器的故障分析与维护是相似的。

接触器是一种用来自动接通或断开大电流电路的电器。它可以频繁地接通或切断交直流电路，并可实现远距离控制。按照所控制电路种类，接触器可分为交流接触器和直流接触器两大类。

1）交流接触器

交流接触器是利用电磁吸力及弹簧反作用力配合动作使触点闭合与断开的一种电器。在机电设备控制电路中，它一般用来接通或断开电动机的电源和控制电路的电源。接触器主要由触点系统和电磁系统组成。触点系统包括主触点和辅助触点。电磁系统包括电磁线圈、动铁芯、静铁芯和反作用弹簧等。电磁吸合的基本过程如下：当电磁线圈不通电时，弹簧的反作用力或动铁芯的自身质量使主触点断开；当电磁线圈接入额定电压时，电磁吸力克服弹簧的反作用力吸引动铁芯向静铁芯移动，带动主触点闭合，辅助触点也随之动作。

判断交流接触器是否正常应依照先易后难的原则，先查检线圈，后查检电源和机械部分，避免盲目处理，具体步骤如下。

（1）电气检查。交流接触器线圈的两接线柱之间应保持导通状态。用电阻挡测量时，应有十至几十欧姆的电阻。如果阻值超过 2kΩ，就应检查线圈回路是否有接触不良或断线的现象。当阻值过低，如小型接触器仅有几欧姆或零点几欧姆时，应检查是否有短路现象。

（2）机械部分检查。用手或其他工具推动衔铁时，动作应灵活自如、无卡滞现象。触点接触后再用力，还应有一定的行程，手松开后，触点能迅速复位，并且要求触点的动作应该同步。

（3）通电检查。线圈加上额定电压时，交流接触器应能可靠地动作；吸合后无明显的响声，断电时复位迅速。

交流接触器的常见线圈故障可分为过热烧毁和断线。线圈烧毁的原因很多，如电源电压过高，超过额定电压的 110%，或电源电压过低，低于额定值的 85%，都有可能烧毁交流接触器线圈。这是由交流接触器衔铁吸合不上，线圈回路电抗较小、电流过大造成的。此外，电源频率与额定值不符、机械部分卡阻使衔铁不能吸合及铁芯极面不平造成吸合磁隙过大；通风不良、过分潮湿、环境温度过高等，都会引起线圈故障。线圈断线故障一般由外力损伤引起。

针对不同的故障原因，应采取不同的对策。如果是线圈烧毁或断线故障，更换同型号线圈即可。如果铁芯有污物或极面不平，可视情况清理极面或更换铁芯。

另外，交流接触器运动部位的机械机构及动触点发生卡阻或转轴生锈、歪斜等，都有可能造成交流接触器线圈通电后不能吸合或吸合不正常。对于前者，可对机械连接机构进行修整，如整修灭弧罩，调整触芯与灭弧罩的位置，消除两者的摩擦。对于后者，应进行拆检，清洗转轴及支承杆，必要时调换配件。

交流接触器吸合一下又断开，通常是由交流接触器自锁回路中的辅助触点接触不良，使电路自锁环节失去作用引起的。

2）直流接触器

直流接触器按其使用场合可分为一般工业用直流接触器、牵引用直流接触器和高电感直流接触器。一般工业用直流接触器常在机床等机电设备中用于控制各类直流电动机。直流接触器的常见故障与交流接触器基本相同，可对照上述交流接触器故障状况进行分析。

5.3.5　传感器故障诊断

扫一扫看工作站的传感器故障处理教学课件

现代机械制造系统具有控制规模大、自动化程度高和柔性化强的特点。由于制造系统的结构越来越复杂，可能出现的故障越来越复杂，同时人们对生产成本和生产连续性的要求越来越高，因此为了保质保量地生产，故障诊断系统得到了迅速的发展，其技术包括用先进的传感器接收生产过程中出现的各种物理量，并进行信号传输和信号处理，根据分析处理的结果对生产设备的工作情况及产品的质量进行检测，并且对其发展趋势进行预测及对故障进行诊断和报警。

扫一扫看工作站的传感器故障分析教学课件

现阶段，传感器故障分析可以应用于智能生产线、数控机床、柔性制造单元及计算机集成制造系统等领域。智能生产线比单个设备复杂，要想在短时间内找出故障原因和位置是十分困难的。为了提高利用率，除了提高设备的可靠性，还应在一定条件下，引入智能生产线中的传感器故障诊断系统。

1）传感器产生的误差

传感器产生的误差可分为五个基本的类别：插入误差、应用误差、特性误差、动态误差和环境误差。

（1）插入误差。插入误差是当系统中插入一个传感器时，由于改变了测量参数而产生的误差。一般是在进行电子测量时会出现这样的问题，在其他方式的测量中也可能会出现类似问题。

（2）应用误差。应用误差是操作人员产生的，这也意味着产生的原因很多。例如，温度测量时产生的误差，包括探针放置错误或探针与测量地点之间不正确的绝缘。又如，一些应用误差，包括空气或其他气体的净化过程中产生的误差。应用误差也涉及变送器的错误放置，因而正/负压力将对正确的读数造成影响。

（3）特性误差。特性误差是设备本身固有的，它是设备理想的、公认的转移功能特性和真实特性之间的误差。这种误差包括 DC 漂移值。

（4）动态误差。许多传感器具有较强阻尼，因此它们不会对输入参数的改变进行快速响应。例如，热敏电阻需要数秒才能响应温度的阶跃影响，所以热敏电阻不会立即跳跃至新阻抗，或产生突变。相反，它是慢慢地改变为新的值。如果具有延迟特性的传感器对温度的快

速改变进行响应，输出的波形将失真，因为其中包含了动态误差。产生动态误差的因素有响应时间、振幅失真和相位失真。

（5）环境误差。环境误差来源于传感器使用的环境，产生因素包括温度、摆动、振动、海拔、化学物质挥发或其他因素。这些因素经常影响传感器的特性，所以在实际应用中，这些因素总是被集中在一起。

扫一扫看工业机器人供电系统常见故障教学课件

2）传感器使用过程中的干扰及其解决措施

供电系统的抗干扰设计。对传感器正常工作危害最严重的是电网尖峰脉冲干扰。产生尖峰干扰的用电设备有电焊机、继电接触器、带镇流器的充气照明灯、电烙铁等。尖峰干扰可用硬件、软件结合的办法来抑制。

（1）用硬件线路抑制尖峰干扰的影响。常用办法主要在仪器交流电源输入端串联干扰控制器；在仪器交流电源输入端加超级隔离变压器，利用铁磁共振原理抑制尖峰脉冲；在仪器交流电源的输入端并联压敏电阻，利用尖峰脉冲到来时电阻值减小以降低仪器从电源分得的电压，从而削弱干扰的影响。

（2）利用软件方法抑制尖峰干扰。对于周期性干扰，可以采用编程进行时间滤波，从而有效地消除干扰。

（3）采用硬件、软件结合的看门狗技术抑制尖峰脉冲的影响。

（4）实行电源分组供电。例如，将电动机的驱动电源与控制电源分开，以防止设备间产生干扰。

（5）采用噪声滤波器也可以有效地抑制交流伺服驱动器对其他设备的干扰。

（6）采用隔离变压器，以提高抵抗共模干扰能力。

（7）采用高抗干扰性能的电源，如利用频谱均衡法设计的高抗干扰电源。

3）信号传输通道的抗干扰设计

（1）光电耦合隔离措施。在长距离传输过程中，采用光电耦合器，可以切断控制系统与I/O 通道及伺服驱动器的 I/O 通道电路之间的联系。光电耦合的主要优点是能有效地抑制尖峰脉冲及各种噪声干扰，使信号传输过程的信噪比大大提高。干扰噪声虽然有较大的电压幅度，但是能量很小，只能形成微弱电流，而光电耦合器输入部分的发光二极管是在电流状态下工作的，一般导通电流为 10～15mA，所以即使有很大幅度的干扰，这种干扰也会由于不能提供足够的电流而被抑制掉。

（2）双绞屏蔽线长线传输。信号在传输过程中会受到电场、磁场和地阻抗等干扰因素的影响，采用接地屏蔽线可以减小电场的干扰。双绞线与同轴电缆线相比，虽然频带较差，但波阻抗高，抗共模噪声能力强，能使各个小环节的电磁感应干扰相互抵消。另外，在长距离传输过程中，一般采用差分信号传输，可提高抗干扰性能。

（3）局部产生误差的消除。在低电平测量中，对于在信号路径中所用的材料必须给予严格注意，在简单电路中遇到的焊锡、导线及接线柱等都可能产生实际热电动势。由于经常是成对出现的，因此尽量使这些成对的热电偶保持在相同的温度下是很有效的措施，为此一般用热屏蔽、散热器沿等温线排列或者将大功率电路和小功率电路分开等办法，其目的是使热梯度减到最小。

4）电感式接近开关定位不准确的处理方法

接近开关主要用于定位，有时也用于行走计数。其尾部带有信号指示灯，当有金属物体靠近其端部时，信号指示灯亮，同时 PLC 上相应的输入端口 LED 指示灯点亮；移开时信号指示灯灭，PLC 上相应的输入端口 LED 指示灯熄灭。

检查时应先擦去传感器上的水渍和灰尘，用金属物（如改锥、扳手等）反复靠近传感器的端部，观察信号指示灯是否闪烁。然后移动采样机，使传感器位于正对着感应块的位置，检查其间隙是否过大（应不大于 15mm），若间隙过大则传感器不能可靠感应和给出信号。如果传感器输出信号不正常，那么应检查信号线路是否正常，首先检查传感器的供电电源是否正常，然后检查进入 PLC 的信号线是否正常。

5.3.6　电动机故障诊断

无论是在工业生产或交通运输等方面，电动机应用都起着至关重要的动力转换和传输功能，积极地进行相关产品性能的提升和做好现有产品的应用管理对行业发展有着深远的影响，因此应规范电动机的使用，尽量减少对电动机损害和积极做好日常维护工作。

1．机械噪声

杂音产生与电动机的故障出现是相伴的，其不仅可以作为故障判断的标准，同时可以为故障排除提供信息确认，按照杂音产生的不同可以简单分为挡风板异响、高低频电磁、忽高忽低的闷响、轴承噪声或不均匀碰撞声响等。其中，挡风板出现异响直接代表着装配过程的不规范或加工处理的不标准，这些质量问题直接导致符合性的下降和摩擦的产生，如果挡风板的焊接质量过于粗糙也会导致异响的出现。电磁声响的出现通常与转子的外径、表面或材料等因素密切相关，如果转子进行电磁切割的铁芯内腔配合性较差或不光滑也会出现异响，在进行问题原因判断时应进行综合考虑和排除。

2．日常维护

日常维护对于电动机的故障控制具有重要的防患于未然的意义，具体包括每天对电动机的工作环境和外壳进行灰尘与油渍清理，检查启动设备和接线螺钉是否出现烧伤或松动现象，为了保证电动机绝缘需加强空气潮湿度的控制，避免因存在腐蚀气体或水含量过大等造成的绝缘损坏现象。此外，对于电动机运行过程中参数监控也是日常维护的重要内容，具体包括电动机温度、电流、电压、振动或噪声等，其中对于温度的控制包括手触、滴水和温度计等，而电压和电流的监控则是通过电动机上事先安装好的仪表进行的。值得注意的是，一些小型电动机会省去电流表，这就要维护人员配备必要的测量仪器。对于噪音和振动的检查可以帮助验证电动机各部件正常运行的情况，如果出现异常情况应该及时记录、检测和上报，将损失降到最低。

5.3.7　PLC 常见故障诊断

随着现代化企业自动化生产规模的扩大，PLC 在工业自动化控制中的应用越来越广泛。PLC 是专为工业控制设计的，一般不需要采取什么特殊措施就可以直接在工业环境中使用。但是在 PLC 控制系统中，如果环境过于恶劣或安装使用不当，就会降低系统的可靠性。在

引起 PLC 的常见故障中，主要分为功能性故障和硬件故障两大类，其中硬件故障在 80%以上。

1．电磁干扰

电磁干扰故障常发生在新机床调试阶段，导致机床频繁停机，如果可以工作，就可排除是参数混乱和元器件内因造成的，可能是电网或环境电磁干扰，导致系统不稳定，其外因是变频感性干扰源。这是所选元器件的容量过小，过大的电网干扰脉冲，使滤波器内部电感元件出现磁饱和，而无法滤去高频干扰脉冲。在系统电源输入线间并联一个 2.2mF 电容，即增加了一个吸收网络，可排除故障。

2．电网波动过大，PLC 不工作

其表现为 PLC 无输出。先检查输入信号（电源信号、干扰信号、指令信号与反馈信号)。由内部抗电网干扰措施（滤波、隔离与稳压）可知，常规电源系统已无法隔断或滤去持续时间过长的电网欠压噪声，这是抗电网措施不足所致（内因)，导致 PLC 不能获得正常电源输入而无法工作。在系统电源输入端加入一个交流稳压器，PLC 可正常工作。

3．PLC-MD 参数故障

该故障常发生在调试阶段，在回零操作时只能沿坐标轴负方向移动，沿正向移动就出现超程报警。先检查参数设置表是否紊乱，然后采用参数修改法。参数修改法有以下两种方式。

方式 1：关闭（OFF）报警软键，做回零操作后恢复（ON）报警软键。

方式 2：暂时修改软限位参数，做回零操作后，恢复原参数值。

重新开机后，这两种方式都可排除故障。

注意：在实际回零操作中撞击行程开关会产生超程报警，这时不允许采用“复位法”，以防再次撞击而损害机床精度。

4．PLC 输入板故障

PLC 输入板故障常发生在自动加工时，CRT 上显示报警，机床不能工作。报警显示主控板 CNC 或 PLC 的主体是好的，可能是伺服放大器或 PLC 中存在故障。但如果伺服放大器有故障，应该在启动自诊断时报警。故障可定位在 PLC 的 I/O 接口板，这种故障属于硬件故障。如果是 PLC 的电源故障，就不可能有 PLC 报警文本显示。所以主要成因应该是对应输出“NOTREADY”的前面环节的电路硬件故障。

当 PLC 出现故障时，只要按照一般的故障规律进行判断，就可以准确迅速地排除故障。重新开机后便能正常运行。

任务 5.4　机器视觉检测故障诊断与维护

5.4.1　布置任务

1．学习任务描述

机器视觉是人工智能正在快速发展的一个分支，机器视觉系统的特点是提高生产的柔性

和自动化程度。在一些不适合人工作业的危险环境中或者人工视觉难以满足要求的场合，常用机器视觉来替代人工视觉。因此，在大批量重复性工业生产过程中，用机器视觉检测方法可以大大提高生产的效率和自动化程度，如何进行机器视觉系统的日常维护和故障诊断显得尤为重要。

2. 学习目标

（1）根据相关技术资料了解机器视觉检测的基础知识。
（2）通过小组合作，完成实训室内机器视觉系统的认知。
（3）通过小组合作，分析机器视觉系统的组成单元及模块。
（4）通过小组合作和查阅资料，了解机器视觉系统中的常见故障。
（5）检查验收小组完成情，总结机器视觉系统故障诊断中的注意事项。

3. 任务书

目前有一套机器视觉系统，其应用场景如图 5.4.1 所示。整套系统由图像采集单元、信息处理单元及最终的决策执行单元组成。为了保证工业机器人正常运行，需要进行日常维护和故障诊断工作。为了做好此项工作，需要系统全面地掌握机器视觉系统中的设备或装置。

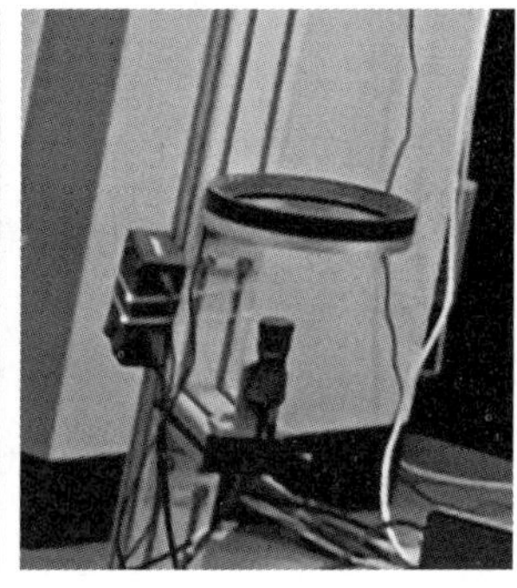

图 5.4.1　机器视觉应用场景

4. 小提示

扫一扫看视觉传感器的拆装教学课件

扫一扫看视觉传感器与机器人系统集成教学课件

机器视觉使工业机器人具备了像人一样观察事物的能力。在一套完整的机器视觉系统中，视觉传感器从工作场景中采集客观事物的图像，由智能处理单元模拟人脑完成重要信息的提取并加以分析，实现对目标物体的识别、定位，甚至是对工作场景的理解，以提升工业机器人适应外部环境变化的能力，增强工业机器人面对工业复杂制造环境的感知和决策能力。机器视觉是工业机器人向智能化发展所需的关键技术，顺应了智能制造的发展趋势。

5.4.2 任务实施

1. 工作计划

各小组按照任务书要求和获取的相关技术手册，制定机器视觉系统故障诊断与维护工作方案，并填写机器视觉系统故障诊断与维护工作流程（见表 5.4.1）和材料、工具、器件

清单（见表 5.4.2）。

表 5.4.1　机器视觉系统故障诊断与维护工作流程

步骤	工作内容	负责人

表 5.4.2　材料、工具、器件清单

序号	名称	型号和规格	单位	数量	备注

2. 工作实施

按以下步骤实施机器视觉系统故障诊断和维护工作。

1）准备阶段

（1）初始化系统的设备，将设备调整到便于观察的位置。

（2）系统断电，并在主供电箱内悬挂警示标志。

（3）查阅故障诊断和维护的相关技术资料，准备工具和劳动防护用品。

2）实施步骤

（1）观察电源线、开关等。

（2）观察视觉部分（智能相机、镜头、照明、图像处理器等）。

（3）观察执行单元（驱动装置、关节控制器等）。

（4）检查信息处理单元的驱动程序。

（5）检查急停开关状态、线路连接。

（6）利用仪表检查电源系统、电气线路。

3. 检查验收

根据机器视觉系统故障诊断与维护任务书，按照验收标准对任务完成情况进行检查验收和评价，并填写验收标准及评分表（见表 5.4.3）和验收过程问题记录表（见表 5.4.4）。

表 5.4.3　验收标准及评分表

序号	验收项目	验收标准	分值	教师评分	备注
1	安全规范	正确穿戴工作服、劳保鞋；发型、指甲等符合安全生产要求；工作过程中不佩戴首饰、钥匙、手表等；设备无损害	20		
2	操作流程	按照任务工单逐项完成	20		
3	完成质量	任务完成效果	20		
4	工作后整理	遵守实验室规章制度，清洁卫生，收集工具	20		
5	小组协作	团结协作，任务分工合理明确	20		
	合计		100		

表 5.4.4　验收过程问题记录表

序号	验收问题记录	整改措施	二次验收	备注

4．评价反馈

小组介绍任务分工、工作过程并提交上述验收标准及评分表和验收过程问题记录表。按照表 5.4.5 所示的考核评价表，完成小组自评、组间互评及教师评价，折算后得出该小组的最终成绩。

表 5.4.5　考核评价表

评价项目	评价内容	分值	自评 20%	互评 20%	师评 60%	合计
职业素养（40 分）	安全意识、责任意识、服从意识	10				
	积极参加任务活动，按时完成工作任务	10				
	团队合作、交流沟通能力	10				
	劳动纪律	5				
	现场 6S 标准	5				
专业能力（60 分）	专业资料检索能力	10				
	制订计划能力	10				
	操作符合规范	15				
	工作效率	10				
	任务验收质量	15				
	合计	100				
创新能力（20 分）	创新性思维和行动	20				
	总计	120				
教师签名：		学生签名：				

5.4.3 机器视觉检测系统

智能制造是新一轮工业革命的核心技术，而工业机器人是先进制造系统中最具代表性的重要生产装备。随着国家制造业转型升级的不断深入，目前我国已经成为世界上最大的工业机器人应用市场。机器视觉是将计算机视觉相关理论进行工程化的一门学科。将视觉系统应用于工业机器人，为工业机器人构建视觉系统，可以使工业机器人在现代工业生产过程中更加智能化。

典型的机器视觉检测系统主要由图像采集单元、信息处理单元及决策执行单元组成，如图 5.4.2 所示。

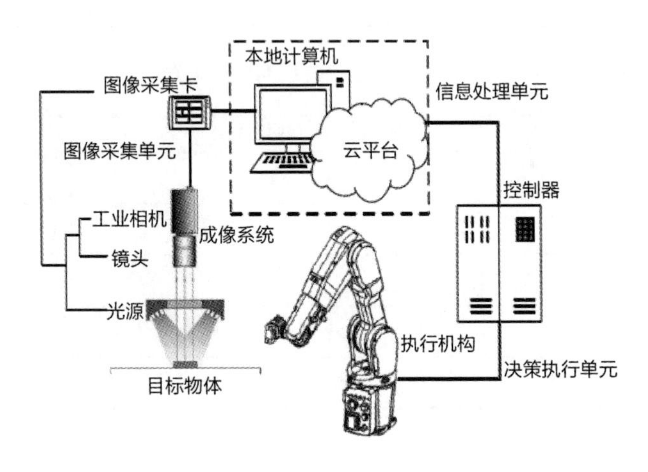

图 5.4.2　机器视觉检测系统组成

图像采集单元。对机器来说，模拟人类看的功能就需要为机器配备眼睛。图像采集单元实现了对人眼功能的复制。通过光学上更加完善的镜头设计、纳米级别的超大规模集成电路技术，现代工业相机的精确性和敏锐度已经处于一定水平，甚至在某种程度上超过了人类视觉。

信息处理单元。生物视觉系统中，图像通过人眼在视网膜成像后，图像信号会通过视神经向大脑内部传递，在大脑初级视觉皮层区域对图像信息进行一些基础处理，提取有用的特征信息，为后续图像信息被大脑识别与理解奠定基础。而对机器视觉系统来讲，模拟人脑视觉皮层的功能，就是让机器完成对采集图像特征的提取与表示过程。

决策执行单元。即工业机器人系统，会依据机器视觉系统根据周围环境给出的决策信息，完成相应的动作，实现对目标状态的识别、定位、跟踪及抓取、搬运等一系列任务。

机器视觉检测系统的工作过程如下。

（1）传感器探测到被测物体接近运动至工业相机的拍摄中心，将触发脉冲发送给图像采集卡。

（2）图像采集卡根据已设定的程序和延时，分别向工业相机和照明系统发出启动脉冲。

（3）工业相机在启动脉冲来到之前处于等待状态，启动脉冲到来后启动一帧扫描。

（4）工业相机开始新的一帧扫描之前打开曝光机构，曝光时间可以事先设定。

（5）另一个启动脉冲打开灯光照明，灯光的开启时间应与工业相机的曝光时间匹配。

（6）工业相机曝光后，正式开始一帧图像的扫描和输出。

（7）图像采集部分接收模拟视频信号通过 A/D 将其数字化，或者是直接接收摄像机数字化后的数字视频数据。

（8）图像采集卡将数字图像存储在计算机的内存中。

（9）计算机对图像进行处理、分析和识别，获得检测结果。

（10）处理结果控制执行机构的动作、进行定位、纠正运动的误差等。

1．机器视觉检测系统硬件

图像采集单元一般由光源、镜头、工业相机和图像采集卡构成。采集过程可简单描述为在光源提供照明的条件下，先用工业相机拍摄目标物体并将其转化为图像信号，然后通过图像采集卡传输给图像处理单元。在进行图像采集单元硬件故障诊断与维护时，要考虑到多方面的问题，主要是工业相机、图像采集卡和光源方面的问题。

1）光源照明

照明是影响机器视觉系统输入的重要因素，其直接影响输入数据的质量和应用效果。到目前为止，还未有哪种机器视觉照明设备能通用各种应用，因此在实际应用中，需针对不同应用选择相应的照明设备以满足特定需求，还要根据具体环境对光源的安装、光源的照射方式进行测试，以达到最佳成像效果。

照明按其照射方法可分为背向照明、前向照明、结构光照明和频闪光照明等。其中，背向照明是指将被测物放在光源和工业相机之间，以提高图像的对比度。前向照明是光源和工业相机位于被测物的同侧，其优点是便于安装。结构光照明是将光栅或线光源等投射到被测物上，并根据其产生的畸变，解调出被测物的三维信息。频闪光照明是将高频率的光脉冲照射到物体上。

如果无特殊要求就采用 X 射线等不可见光光源。对于可见光光源，应优先考虑使用 LED 光源，如图 5.4.3 所示。在对采集图像质量有决定性影响的光源均匀性上，LED 光源明显优于卤素灯、日光灯等其他光源，而且它具有耗电低、使用寿命长和对环境无污染等优点。同时，为了减小外界光对机器视觉检测系统稳定性的影响，可以通过增加光源箱的方式屏蔽外界光源。

2）镜头

镜头的任务就是进行光学成像，一般在检测领域都有专门的用于检测的摄像镜头，其对成像质量有着关键性的作用。镜头如图 5.4.4 所示。镜头需要根据具体工作状况选择合适的焦距、景深和光圈等参数。影响系统检测精度的重要因素就是图像的畸变误差，它是光学透镜固有的透视失真，受到制作工艺的影响，无法消除，只能想办法去减少，虽然现在许多工业相机通过各种方法弥补镜头畸变产生的误差，但在高精度的检测领域，几何畸变仍然会对检测精度产生影响。

对于镜头，主要根据工业相机的极限分辨率来选取对应的镜头分辨率，选择大于工业相机极限分辨率的即可，还需要根据工作距离与视野计算镜头的焦距，并根据被测物体与工业相机的距离变化选用合适的景深。在高精度检测下，要保证检测精度，除以上参数的正确选择之外，还可以选择几何畸变相对于普通镜头小的远心镜头。远心镜头不仅几何畸变较小，

还能减小物体距离变化带来的误差。

图 5.4.3　LED 光源

图 5.4.4　镜头

3）工业相机

工业相机按其传感器类型分为 CCD 相机与 CMOS 相机两种。工业相机镜头如图 5.4.5 所示。CMOS 相机的集成度高，各元件、电路之间距离很近，干扰比较严重，成像噪声大；CCD 相机相对于 CMOS 相机具有灵敏度高、噪声小和响应速度快的特点，在稳定性方面，CCD 相机的抗冲击与震动性也较强，一般来说，CCD 相机在成像质量上和稳定性方面要优于 CCD 相机。

图 5.4.5　工业相机镜头

通过以上对 CCD 相机与 CMOS 相机的分析可知，如果没有特殊的要求，比如摄影速度较快（CMOS 具有更快的读出速度），那么 CCD 相机是保证图像质量和稳定性的首要选择，其中工业相机的分辨率和帧率主要根据检测精度和检测速度来选择，通过计算检测物体的视场大小和工业相机与被测物之间的距离决定合适的分辨率，根据被测物体的运动速度与检测精度要求选择工业相机的帧率。

4）图像采集卡

图像采集卡直接决定了镜头的接口为黑白、彩色、模拟、数字等形式。CCD 相机及图像采集卡共同完成了对目标图像的采集与数字化。目前，CCD、CMOS、线阵敏感器件等固体器件的应用，使像素尺寸不断减小，阵列像素数目不断增加，像素电荷传输速率也得到大幅提高。在基于计算机的机器视觉系统中，图像采集卡是控制工业相机拍照来完成图像的采集与数字化，并协调整个系统的重要设备。

2．机器视觉检测系统软件

机器视觉检测系统软件的稳定性对机器视觉检测结果的影响也很重要，视觉系统最终会在计算机上利用软件并采用有针对性的算法进行图像滤波，边缘检测和边缘提取等一系列图像处理，不同的图像处理和分析手段及不同的检测方法与计算公式，都会带来不同的误差。误差的大小决定检测精度的高低。

用于机器视觉的图像处理与分析方法的核心是解决目标的检测识别问题。当所需要识别的目标比较复杂时，就需要通过几个环节，从不同的方面来实现。

对目标进行识别提取的时候，首先要考虑如何自动地将目标物从背景中分离出来。目标物提取的复杂性一般在于目标物与非目标物的特征差异不是很大，在确定了目标提取方案后，就需要对目标特征进行增强。

随着计算机技术、微电子技术及大规模集成电路的发展，图像信息处理工作越来越多地借助硬件完成，如DSP芯片、专用的图像信号处理卡等。软件部分主要用来完成算法中并不成熟又较复杂或需要不断完善改进的部分。这一方面提高了系统的实时性，另一方面降低了系统的复杂度。机器视觉检测系统软件主要从标定、图像处理两部分来分析。

扫一扫看视觉
传感器的标定
教学课件

（1）标定。工业相机与镜头由于工艺的原因，总会或多或少地导致获取的原始图像存在畸变误差，这种误差不能通过硬件的优化消除，但可以利用标定软件算法来减弱这种误差对检测精度的影响。工业相机标定的基本原理是通过工业相机对视场内不同角度标准图像（通常使用标定板）的拍摄来求出相机的内、外参数及畸变参数，建立三维坐标与图像坐标的映射关系，从而对得到的原始畸变图像进行矫正。工业相机标定通常在有精度要求的检测和定位中使用。

（2）图像处理。硬件采集到的原始图像最终要通过图像滤波、边缘检测等算法才能完成检测功能，实现检测结果的输出。其中，图像滤波可以抑制采集到图像中存在的噪声，降低光源与灰度值不稳定的问题，提高信噪比，其本质是通过算法保证图像上像素点间最小方差最小。对高精度检测系统来说，粗边界像素级精度往往难以满足要求，亚像素级边缘定位技术在像素级别位置通过结合细分算法与拟合方法可以使边缘位置达到0.1甚至0.01的亚像素级精度，使系统检测精度得到保证。除了上述硬件、软件等影响因素外，环境及机械结构也会对机器视觉检测系统产生影响。

（3）环境影响因素。机器视觉检测系统的环境影响因素包括环境温度、光照度、电源电压、灰尘、湿度及电磁干扰等，良好的运行环境是视觉系统正常运行的保障。外界光照会影响照射在被测物体上的光照度，增加图像数据输出的噪声，电源电压的变化也会导致光源发光不稳定，产生随时间变化的噪声。温度变化也会对工业相机的性能产生影响。工业相机在出厂时都会标明正常工作的温度范围，过热或过冷都会影响工业相机的正常工作。电磁干扰是工业检测现场不可避免的干扰因素，它对工业相机电路、数据信号传输电路等弱电电路的影响尤为严重，合格的视觉产品会在出厂时经过严格的抗干扰测试，这极大地降低了外界电磁干扰对硬件电路的影响。

（4）机械结构定位影响因素。除成像系统硬件外，工业相机与物体之间的相对位置关系也会对图像质量的稳定性产生影响，如工业相机或工件的机械支撑结构如果存在振动，就会影响检测精度，而且这是一个难以排查的问题。在动态下检测工件，需要考虑运动模糊对图像精度的影响（模糊像素=物体运动速度×工业相机曝光时间）。CCD相机与被测工件之间在理性状况下应为工业相机镜头光轴垂直于工件所在平面，但实际使用中，由于安装误差或工

业相机、工件制造误差等原因不能保证光轴与被测平面完全垂直，存在一定角度偏差，同样会对测量精度产生影响。

3．机器视觉检测技术的优势

（1）效率更高。人工检测效率低下。机器视觉检测速度要快得多，每分钟能够对数百个甚至数千个工件进行检测，而且能够 24h 不间断持续工作。

（2）准确性更高。人眼有物理条件的限制，也会受到主观性、身体精力等因素的影响，不能保证准确性。机器不受主观控制，只要参数设置没有差异，具有相同配置的多台机器就可以保证相同的精度。

（3）总体成本更低。机器比人工检测更有效。从长远来说，机器视觉检测的成本更低。

（4）信息集成。机器视觉检测系统可以通过多站测量方法一次测量多个技术参数，例如被测工件的轮廓、尺寸、外观缺陷和产品高度。

（5）数字化统计管理。测量数据并在测量后生成报告，而无须一个个地手动添加。

（6）可适用于危险的检测环境。机器可以在恶劣、危险的环境中，以及在人类视觉难以满足需求的场合很好地完成检测工作。

（7）不会对产品造成接触损伤。机器视觉在检测工件的过程中，不需要接触工件，不会对工件造成接触损伤。人工检测必须对工件进行接触检测，容易产生接触损伤。

（8）更客观稳定。人工检测过程中，检测结果会受到个人标准、情绪、精力等因素的影响。而机器严格遵循所设定的标准，检测结果更加客观、可靠、稳定。

（9）避免二次污染。人工操作有时会带来不确定污染源，从而污染工件。

（10）维护简单。其具有对操作者的技术要求低、使用寿命长等优点。

4．机器视觉检测系统的日常维护

1）日常维护的注意事项

（1）每日使用过程中，关机程序等严格按照手册内容执行，不做强制开/关行为。

（2）每天下班断电后，检查设备，清理被检测产品，以免泄漏到检测设备上，可能对设备造成损害。

（3）定期维护机器视觉检测设备中的计算机系统，清理系统垃圾，及时更新软件，确保计算机稳定运行。

（4）专业技术人员管理视觉检测设备，防止非专业人员擅自移动镜头、光源、软件，影响检测精度。

（5）镜头要用专业的镜头清洁工具清洁，不能用纸涂抹，也不能用棉布蘸水擦拭后晒干。

2）系统安装的注意事项

（1）设备应设置在常温和室温环境中。设备设置在高温环境下，机器光源的温度上升会影响设备的计算机系统。

（2）在潮湿酸碱环境下，视觉检测设备的使用寿命和生产效率受到影响。

（3）设备应尽量安装在少尘环境中。这样既可以减少设备除尘清理次数，又可以保障高精度产品测量的准确性，延长设备的使用周期。

（4）保障安装机器视觉检测设备现场的电压、电流稳定。

任务 5.5 整站通信系统故障诊断与维护

5.5.1 布置任务

1. 学习任务描述

随着工业生产现场过程与计算机技术、通信技术和控制技术的深度融合，工业控制领域正在经历一系列变革，从最初的分散式气动、电动及组合式模拟仪表控制系统，发展到计算机数字式集中控制系统，再到分布式控制系统，并进一步向网络化方向发展，工业控制系统的架构也随之改变。为了实现智能生产线的统一控制和集中管理，数据通信在智能生产线各单元之间的信息传递中起到了至关重要的作用。

2. 学习目标

（1）根据相关技术资料了解工业以太网、现场总线的基础知识。

（2）通过小组合作，完成实训室内整站通信系统的认知。

（3）通过小组合作，分析整站通信系统的组成单元及模块。

（4）通过小组合作和查阅资料，了解整站通信系统中的常见故障。

（5）检查验收小组任务完成情况，总结整站通信系统故障诊断中的注意事项。

3. 任务书

目前有一套智能生产线的整站通信系统，如图 5.5.1 所示。整站通信系统由 PLC、交换机、服务器等设备组成。为了保证智能生产的正常运行，需要进行日常维护和故障分析排查。为了做好此项工作，需要系统全面地掌握整站通信系统中的设备或装置。

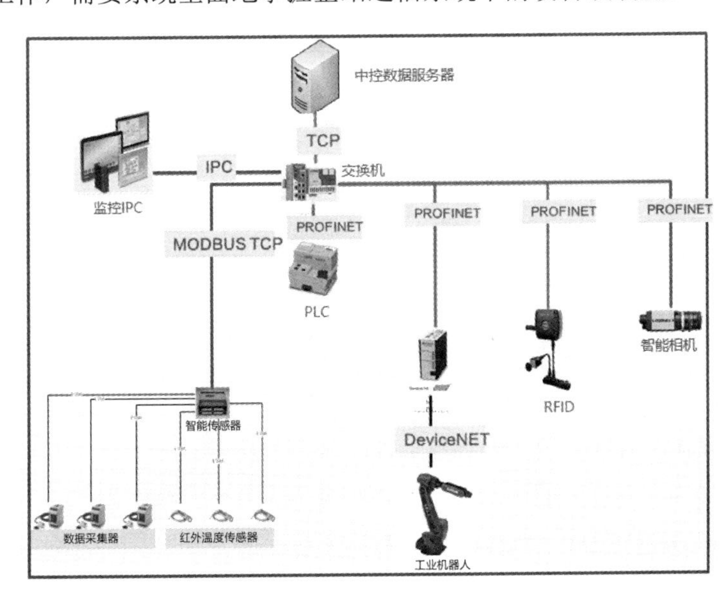

图 5.5.1 智能生产线的整站通信系统

5.5.2 任务实施

1. 工作计划

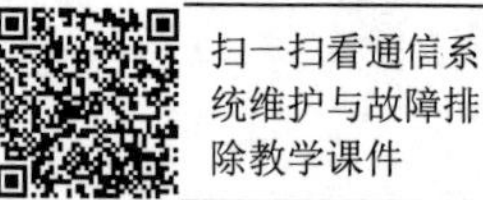

各小组按照任务书要求和获取的相关技术手册，制定整站通信系统故障诊断与维护工作方案，并填写整站通信系统故障诊断与维护工作流程（见表5.5.1）和材料、工具、器件清单表（见表5.5.2）。

表 5.5.1 整站通信系统系统故障诊断与维护工作流程

步骤	工作内容	负责人

表 5.5.2 材料、工具、器件清单

序号	名称	型号和规格	单位	数量	备注

2. 工作实施

按以下阶段实施整站通信系统的故障诊断和维护工作。

1）准备阶段

（1）初始化系统的设备，将设备调整到便于观察的位置。

（2）查阅故障诊断和维护的相关技术资料，准备工具和劳动防护用品。

2）实施阶段

（1）观察电源线、开关等。

（2）观察通信系统中各设备的指示灯。

（3）检查各设备的IP地址、端口等。

（4）利用软件检查设备连接状态，检查连接线的连接状态。

（5）检查设备之间数据的对应关系。

（6）检查设备的连接保护机制。

（7）利用仪表检查电源系统、电气线路。

（8）利用在线监控等手段检查故障点。

3．检查验收

根据整站通信系统故障诊断与维护任务书，按照验收标准对任务完成情况进行检查验收和评价，包括安全规范、数据通信故障诊断与维护等，并将验收问题及其整改措施、完成时间进行记录。验收标准及评分表如表5.5.3所示，验收过程问题记录表如表5.5.4所示。

表5.5.3　验收标准及评分表

序号	验收项目	验收标准	分值	教师评分	备注
1	安全规范	正确穿戴工作服、劳保鞋；发型、指甲等符合安全生产要求；工作过程中不佩戴首饰、钥匙、手表等；设备无损害	20		
2	记录单	按照任务工单逐项完成，并按照实践内容完成工单记录	20		
3	小组协作	团结协作，任务分工合理明确	20		
4	任务完成情况	实践环节遵守规范、任务完成质量和效果	20		
5	工作后的整理	遵守实验室规章制度，清洁卫生，收集工具	20		
	合计		100		

表5.5.4　验收过程问题记录表

序号	验收问题记录	整改措施	完成时间	备注

4．评价反馈

小组介绍任务分工、工作过程和提交上述验收标准及评分表和验收过程问题记录表。按照表5.5.5所示的考核评价表，完成小组自评、组间互评及教师评价，折算后得出该小组的最终成绩。

表 5.5.5 考核评价表

评价项目	评价内容	分值	自评 20%	互评 20%	师评 60%	合计
职业素养（40 分）	安全意识、责任意识、服从意识	10				
	积极参加任务活动，按时完成工作任务	10				
	团队合作、交流沟通能力	10				
	劳动纪律	5				
	现场 6S 标准	5				
专业能力（60 分）	专业资料检索能力	10				
	制订计划能力	10				
	操作符合规范	15				
	工作效率	10				
	任务验收质量	15				
	合计	100				
创新能力（20 分）	创新性思维和行动	20				
	总计	120				
教师签名：			学生签名：			

5.5.3 工业组网

工业网络是指安装在工业生产环境中的一种全数字化、双向、多站的通信系统。工业网通信协议可以由串口、现场总线、工业以太网来实现，根据实际的项目需求去采用其中最合适一种方式来实现通信协议。

串口是采用串行通信方式的扩展接口，数据一位一位地按顺序传送。其特点是通信线路简单，只要一对传输线就可以实现双向通信（可以直接利用电话线作为传输线），从而大大降低了成本，特别适用于远距离通信，但传输速率较小。串行接口按电气标准及协议可分为 RS-232-C、RS-422、RS485 等。

现场总线是近年来迅速发展起来的一种工业数据总线，它主要解决工业现场的智能化仪器仪表、控制器、执行机构等现场设备间的数字通信及这些现场控制设备和高级控制系统之间的信息传递问题。常用的现场总线包括 PROFIBUS、Ether CAT、CAN open、ControlNet、Ethernet、PROFINET、USB、Modbus、CC-Link、CAN 等。

工业以太网是基于 IEEE 802.3（Ethernet）的强大区域和单元网络。一个典型的工业以太网络环境，有三类网络器件：网络部件、连接部件（FC 快速连接插座、ELS 工业以太网电气交换机、ESM 工业以太网电气交换机、SM 工业以太网光纤交换机、MC TP11 工业以太网光纤电气转换模块）、通信介质（普通双绞线、工业屏蔽双绞线和光纤）。常用的通信协议有 HSE、Modbus TCP/IP、PROFINET、Ethernet/IP。工业以太网具有应用广泛、通信速率高、资源共享能力强、可持续发展潜力大等优点。

表 5.5.6 所示为 RS485、CAN、工业以太网性能比较表。

表5.5.6　RS485、CAN、工业以太网性能比较表

特性	RS485	CAN	工业以太网
单点成本	低廉	稍高	高
系统成本	高	较低	高
总线利用率	低	高	高
网络特性	单主网络	多主网络	多主网络
数据传输速率	低	高	高
容错机制	无	可靠的错误处理和检错机制	可靠的错误处理和检错机制
通信失败率	高	极低	低
节点错误影响	导致整个网络瘫痪	无任何影响	导致整个网络的瘫痪
通信距离	<1.5km	可达10km（5kbit/s）	<1.5km
通信速率	最高10Mbit/s	5Kbit/s～1Mbit/s	10Kbit/s～100Mbit/s
总线通电	—	有	无

工业组网平台是基于应用需求，搭建对工业数据采集、存储、分析和应用的模块体系，实现工业互联网辅助的生产功能。其核心由基础设施（IaaS）层、平台（PaaS）层、应用（SaaS）层三层组成，再加上端层、边缘层，共同组成工业组网平台的基本架构，如图5.5.2所示。

（1）端层也称设备层，指生产现场的各种物联网型工业设备，如数控机床、工业传感器、工业机器人等，它们贯穿于产品的生命周期，分别起到生产、检测、监控等不同作用，以监测生产现场，灵活处理生产过程中的不同情况。端层以物联网技术为基础，产生并汇聚大量的工业数据，包含历史数据和即时数据，也使得端层成为工业互联网平台的底层基础。但是，由于端层的工业数据来源于不同设备、不同系统，因此需要进一步处理，才能向上层传递并利用。

（2）边缘层对端层产生的工业数据进行采集，并对不同来源的工业数据进行协议解析和边缘处理。它兼容OPC/OPC UA、Modbus等各类工业通信协议，先把采集数据进行格式转换和统一，再通过光纤、以太网等链路，将相关数据以有线或无线方式（如5G、NB-IoT等）远程传输到工业互联网平台。

（3）基础设施层主要提供云基础设施，如计算资源、网络资源、存储资源等，支撑工业互联网平台的整体运行。其核心是虚拟化技术，利用分布式存储、并发式计算、高负载调度等新技术，实现资源服务设施的动态管理，提升资源服务有效利用率，确保资源服务的安全。基础设施层作为设备和平台应用的连接层，为平台层的功能运行和应用层的应用服务提供完整的基础设施服务。

（4）平台层是整个工业互联网平台的核心，它由云计算技术构建，不仅能接收存储数据，还能提供强大的计算环境，对工业数据进行云处理或云控制。它的根本是在基础设施层构建了一个扩展性强的支持系统，也为工业应用或软件的开发提供了良好的基础平台。

（5）应用层是工业互联网平台的关键，它是对外服务关口，与用户直接对接，体现了工业数据的最终应用价值。应用层基于平台层丰富了工业微服务功能模块，以高效、便捷、多端适配等方式实现传统信息系统的云改造，为平台用户提供各类工业App等数字化解决方案，发展大数据分析等综合应用，实现资源集中化、服务精准化、知识复用化。

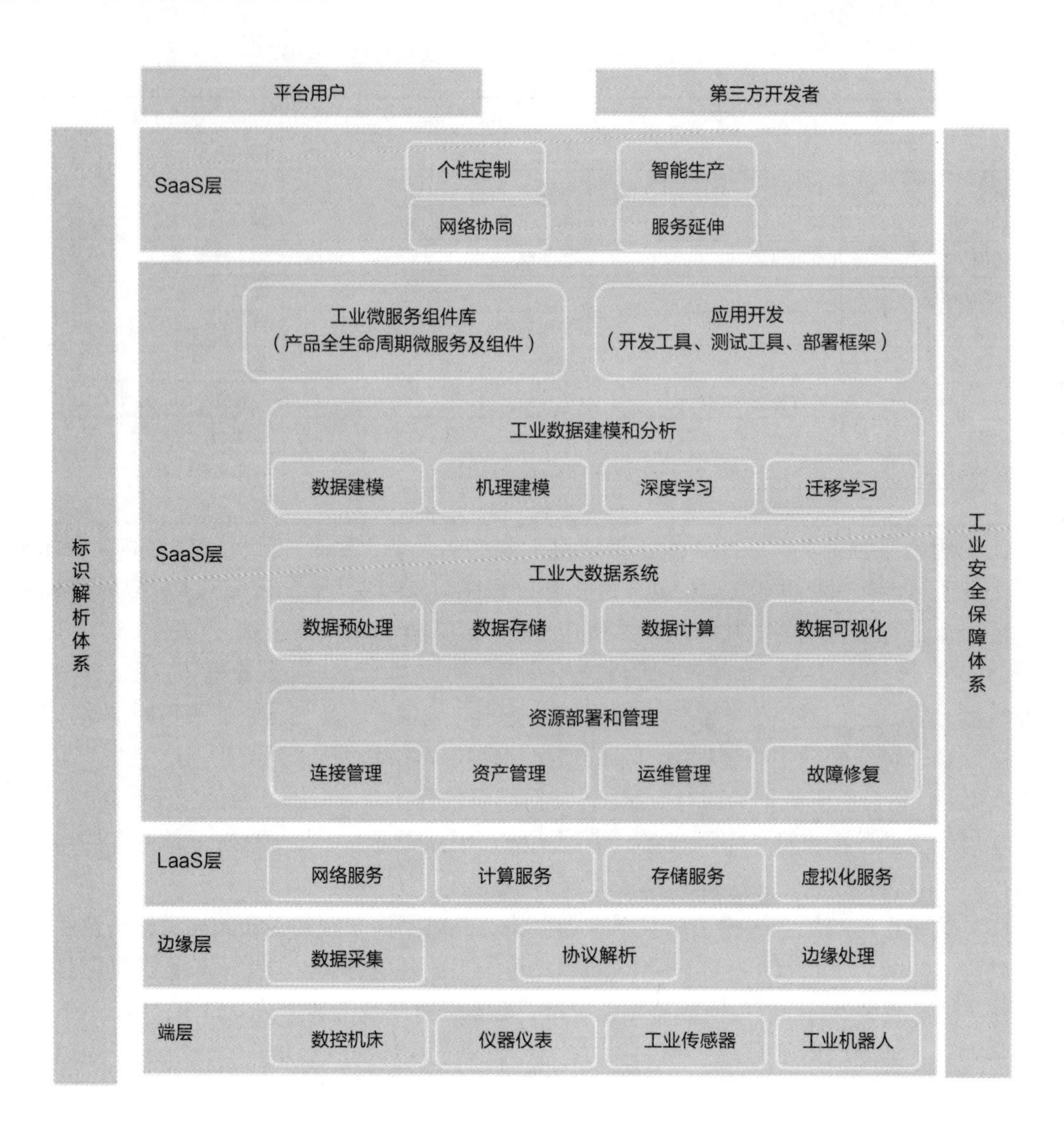

图 5.5.2　工业组网平台架构

5.5.4　5G 通信

第五代移动通信技术（5th Generation Mobile Communication Technology，简称 5G）是具有高速率、低时延和大连接特点的新一代宽带移动通信技术。综合 5G 关键能力与核心技术，5G 概念可由“性能指标”和“关键技术”来共同定义。其中，性能指标为“Gbps 用户体验速率”，关键技术则包括 5G 无线关键技术、5G 网络关键技术。

1）性能指标

（1）峰值速率需要达到 10～20Gbit/s，以满足高清视频、虚拟现实等大数据量传输。

（2）空中接口时延低至 1ms，满足自动驾驶、远程医疗等实时应用。

（3）具备百万连接/平方千米的设备连接能力，满足物联网通信。

（4）频谱效率要比 LTE 提升 3 倍以上。

（5）连续广域覆盖和高移动性下，用户体验速率达到 100Mbit/s。

（6）流量密度达到 10MGbps/m^2 以上。

（7）移动性支持 500km/h 的高速移动。

2．关键技术

1）5G 无线关键技术

5G 国际技术标准重点满足灵活多样的物联网需要。在 OFDMA 和 MIMO 基础技术上，5G 为支持三大应用场景，采用了灵活的全新系统设计。在频段方面，与 4G 支持中低频不同，考虑到中低频资源有限，5G 同时支持中低频和高频频段，其中中低频满足覆盖和容量需求，高频满足在热点区域提升容量的需求，5G 针对中低频和高频设计了统一的技术方案，并支持几百兆赫的基础带宽。为了支持高速率传输和更优覆盖，5G 采用 LDPC、Polar 新型信道编码方案、性能更强的大规模天线技术等。为了支持低时延、高可靠，5G 采用短帧、快速反馈、多层/多站数据重传等技术。

2）5G 网络关键技术

5G 采用全新的服务化架构，支持灵活部署和差异化业务场景。5G 采用全服务化设计，模块化网络功能，支持按需调用，实现功能重构；采用服务化描述，易于实现能力开放，有利于引入 IT 开发实力，发挥网络潜力。5G 支持灵活部署，基于 NFV/SDN，实现硬件和软件解耦，实现控制和转发分离；采用通用数据中心的云化组网，网络功能部署灵活，资源调度高效；支持边缘计算，云计算平台下沉到网络边缘，支持基于应用的网关灵活选择和边缘分流。通过网络切片满足 5G 差异化需求，网络切片是指从一个网络中选取特定的特性和功能，定制出的一个逻辑上独立的网络，它使得运营商可以部署功能、特性服务各不相同的多个逻辑网络，分别为各自的目标用户服务，目前定义了 3 种网络切片类型，即增强移动宽带、低时延高可靠、大连接物联网。

3．5G 的应用领域

从 4G 开始，物联网在智能家居行业已经兴起，但只是处于初级阶段。未来数年，5G 的更高速率、更短时延、更大规模、更低功耗，将能够有效满足物联网的特殊应用需求，从而实现自动化和交通运输等领域的物联网新用例，加快物联网的落地和普及，如智慧医疗、车联网、智能家居、环境监测等。

5G 在工业领域的应用涵盖研发设计、生产制造、运营管理及产品服务 4 个大的工业环节，主要包括 16 类应用场景，分别为 AR/VR 研发实验协同、AR/VR 远程协同设计、远程控制、AR 辅助装配、机器视觉、AGV 物流、自动驾驶、超高清视频、设备感知、物料信息采集、环境信息采集、AR 产品需求导入、远程售后、产品状态监测、设备预测性维护、AR/VR 远程培训。当前，机器视觉、AGV 物流、超高清视频等场景已取得了规模化复制的效果，实现“机器换人”，大幅降低人工成本，有效提高产品检测准确率，达到提高生产效率的目的。

未来远程控制、设备预测性维护等场景预计将会产生较高的商业价值。5G 在工业领域的应用将为工业体系变革带来极大潜力，促进工业智能化发展。

5.5.5 无线通信

无线通信满足数据、物联、语音、定位等多种业务的承载需求，提供全能的无线通信，实现人与人、人与物、物与物的全面连接。工业无线通信设备作为核心设备，连接感知设备、工控设备与管控中心的数据交互，实现目标数据实时在线监测、设备远程控制、远程管理维护，达到工业生产自动化、智能化运行的目的。工业无线通信设备的种类包括以下几种。

1. 无线透传终端 DTU

无线透传终端 DTU 是专门用于将串口数据转换为 IP 数据（或将 IP 数据转换为串口数据），通过无线通信网络进行传送的无线终端设备，具备 RS232/485 接口，内嵌 TCP 协议，通过无线网络实现数据上传。

2. 工业路由器

工业路由器支持全网通 4G/3G 并往下兼容 EDGE、CDMA 1X 及 GPRS 网络，支持多种 VPN 协议（OpenVPN、IPSEC、PPTP、L2TP 等），数据传输安全可靠，支持 RS232（RS485 可选）、以太网接口和 Wi-Fi 功能。其帮助用户快速接入高速互联网，实现安全可靠的数据传输，广泛应用于交通、电力、金融、水利、气象、环保、工业自动化，能源矿产、医疗、农业、林业、石油、建筑、智能交通、智能家居等物联网应用。

3. 工业网关

工业网关连接工业现场传感器、工控设备、仪器仪表等设备入网，进行数据采集、协议转换、无线传输、设备控制。其支持边缘计算功能，可以将数据在边缘端进行计算，减少云端处理数据的压力，满足工业数字化在敏捷连接、实时业务、数据优化、应用智能的需求，也可以同时满足安全与隐私保护等方面的关键需求。

4. RTU 数据采集遥测终端

RTU 是安装在远程现场的工业无线通信设备，具备数据采集、上报、遥测、遥控、遥信、报警、存储等功能，用来监视和测量安装在远程现场的传感器和设备，负责对现场信号和工业设备的监测和控制。RTU 将测得的状态或信号转换成可在通信媒体上发送的数据格式，它还将从中央计算机发送来的数据转换成命令，实现对设备的功能控制。

项目小结

本项目以个性化产品组装智能生产线为例，介绍了目前智能制造领域常用到的立体仓储系统、AGV 物流运输系统、视觉系统、机器人工作站等先进装备。为了保证数字化车间和智能工厂的顺利运转，先进设备的日常维护和故障诊断就显得尤为重要。通过对本项目的学习，学生会对机器视觉系统、信息通信技术的维护和排故有所了解。

练习题 5

1．智能生产线中通信系统的常见故障排除方法及注意事项有哪些？

2．在智能生产线中，总控制系统的 PLC 与 AGV 等可移动的先进装备可采用哪些方式进行数据通信，不同类型的数据通信有何区别？

3．在智能生产线中，有多台机器人工作站协调工作，这些机器人工作站是如何进行信息交互的，该形式的信息交互有何特点？

4．简述机器视觉系统的基本组成。

5．在智能生产线系统中，面对复杂的电气系统，如何开展线路维护和故障排查工作？

参 考 文 献

[1] 段向军，黄伯勇．机电系统故障诊断与维修案例教程[M]．北京：电子工业出版社，2016.

[2] 叶晖．工业机器人典型应用案例精析[M]．北京：机械工业出版社，2013.

[3] 唐敏．工业机器人编程与操作[M]．北京：电子工业出版社，2021.

[4] 双元教育．工业机器人技术基础[M]．北京：高等教育出版社，2018.

[5] 双元教育．工业机器人系统与维修[M]．北京：高等教育出版社，2022.

[6] 汪励，陈小艳．工业机器人工作站系统集成[M]．北京：机械工业出版，2014.

[7] 陈先锋．西门子数控系统故障诊断与电气调试[M]．北京：化工工业出版，2012.

[8] 左维，陈昌安．西门子数控系统结构及应用[M]．北京：机械工业出版，2020.

[9] 王德洪，周慎，何安琪．液压与气动系统故障诊断及排除[M]．北京：北京理工大学出版社，2021.

[10] 郑发跃．工业网络和现场总线技术基础与案例[M]．北京：电子工业出版社，2021.

[11] 魏小林．工业网络与组态技术[M]．北京：北京理工大学出版社，2021.

[12] 王春峰，段向军．可编程控制器应用技术项目式教程（西门子 S7-1200）[M]．北京：电子工业出版社，2019.

[13] 巫云，蔡亮，许妍妩．工业机器人维护与维修[M]．北京：高等教育出版社，2018.

[14] 芮静康．常见电气故障的诊断与维修[M]．2 版．北京：机械工业出版社，2013.

[15] 时献江，王桂荣，司俊山．机械故障诊断及典型案例解析[M]．北京：化学工业出版社，2013.

[16] 董林福，于玲．图解液压系统故障诊断与维修[M]．北京：化学工业出版社，2012.

[17] 黄崇莉．机电设备故障诊断与维护[M]．北京：北京邮电大学出版社，2013.

[18] 汪永华，贾芸．机电设备故障诊断与维修[M]．北京：机械工业出版社，2019.